W0039345

QUANTENTHEORIE

GRUNDRISS

VERTIEFUNGEN

ANHANG

1 DIE BEDEUTUNG DER QUANTENTHEORIE

Die Quantentheorie ist ein fundamentaler Bestandteil des physikalischen Weltbildes. Der Begriff »Quanten« rührt daher, dass man in der Natur diskrete Erscheinungen (zum Beispiel Spektren) beobachtet, die man mit der vor der Quantentheorie bekannten Physik, der so genannten »klassischen Physik«, nicht erklären konnte. Inzwischen bezeichnet man mit Quantentheorie einen allgemeinen theoretischen Rahmen, in dem sich die Objekte der Mikrowelt (Moleküle, Atome, Elementarteilchen) und ihre Wechselwirkungen konsistent beschreiben lassen. Darüber hinaus zeichnet sich ab, dass die Quantentheorie auch der makroskopischen Welt, die sich ja aus Atomen zusammensetzt, zugrundeliegt und deshalb universelle Bedeutung besitzt. So lässt sich etwa die Stabilität der uns umgebenden Materie nicht ohne diese Theorie verstehen.

Da die Quantentheorie viele grundlegende Begriffe wie Materie, Kausalität oder Beobachtung in einem neuen Licht erscheinen lässt, strahlt sie auch in die Philosophie hinein aus. In den Worten des Quantenphysikers Bernard d'Espagnat: »Jeder, der sich eine Vorstellung von der Welt zu machen sucht – und von der Stellung des Menschen in der Welt –, muss die Errungenschaften und die Problematik der Quantentheorie einbeziehen. Mehr noch, er muss sie in den Mittelpunkt seines Fragens stellen.« Doch die Quantentheorie besitzt auch eine große Bedeutung für die Alltagswelt. Angeblich ist ein Viertel des erwirtschafteten Bruttosozialproduktes auf Entwicklungen zurückzuführen, die direkt oder indirekt durch die Quantentheorie möglich wurden. Die Entwicklung des Lasers in den sechziger Jahren des letzten Jahrhunderts hat unter anderem Anwendungen in der Medizin (Augenheilkunde) und der Compact-Disc-Technik (CDs) hervorgebracht. Ohne ein Verständnis der Atomkerne und ihres Drehimpulses (des Kernspins) wäre die Kernspintomographie, mit der man in der Medizin Schnittbilder des Körperinneren herstellt, undenkbar. Das Gleiche gilt für die Herstellung von Atomuhren mit ihrer extremen Ganggenauigkeit. Transistoren und andere Halbleiterelemente sind unverzichtbare Voraussetzungen für die Computertechnik.

2 GRUNDLAGEN

2.1 Teilchen und Wellen

Um 1900 war die Situation in der Physik durch ein dualistisches Materiekonzept gekennzeichnet. Auf der einen Seite stand die klassische Mechanik mit ihren Bahnen von Körpern und der instantan über große Entfernungen hinweg wirkenden Schwerkraft (Gravitation). Auf der anderen Seite gab es das elektromagnetische Feld mit seinen Wellen, die sich mit Lichtgeschwindigkeit durch den leeren Raum bewegen. Erzeugung und Nachweis dieser Wellen waren 1887 von Heinrich Hertz in einem Epoche machenden Experiment gelungen. Das Licht selbst gehört zu dieser Klasse von Wellen. Es gibt also Dinge in der Natur, die sich wie materielle Teilchen und solche, die sich wie Wellen verhalten. Zu Ersteren gehörte auch das Ende des 19. Jahrhunderts entdeckte Elektron.

Um selbst dieses dualistische Konzept konsistent beschreiben zu können, musste eine neue Vorstellung von Raum und Zeit entwickelt werden. Insbesondere musste die Überzeugung aufgegeben werden, dass man objektiv von der Gleichzeitigkeit zweier Ereignisse sprechen könne. Diese neue Vorstellung führte Albert Einstein 1905 durch die Spezielle Relativitätstheorie ein. Zehn Jahre später gelang ihm mit der Allgemeinen Relativitätstheorie auch der konsistente Einbau der Gravitation. Raum und Zeit werden hier durch eigene dynamische Freiheitsgrade beschrieben, und in Analogie zu den elektromagnetischen Wellen gibt es auch Gravitationswellen, die sich mit Lichtgeschwindigkeit fortpflanzen. Auch in den Relativitätstheorien bleibt freilich der Unterschied zwischen Teilchen auf der einen und Wellen auf der anderen Seite bestehen.

Licht hatte man nicht immer durch Wellen beschrieben. Isaac Newton vertrat die Ansicht, dass Licht aus winzig kleinen Korpuskeln bestehe. Erst die Experimente von Thomas Young Anfang des 19. Jahrhunderts überzeugten die wissenschaftliche Gemeinschaft von der Wellennatur des Lichtes. Young hatte 1801 festgestellt, dass sich beim Durchgang von Licht durch einen Doppelspalt auf einem dahinter befindlichen Schirm abwechselnd helle und dunkle Flecken bilden. Das konnte man nur dadurch erklären, dass das Licht aus Wellen besteht, die sich abwechselnd verstärken und gegenseitig auslöschen können; man spricht dabei von Interferenzphänomenen. Auch die schon von Newton beschriebenen und nach ihm benannten Ringe konnten in diesem Bild verstanden werden.

Es sollte sich aber bald zeigen, dass dieses dualistische Materiekonzept erweitert werden musste, um Experimente konsistent beschreiben zu können. Am Anfang stand das Problem, die Strahlung eines Schwarzen Körpers zu verstehen. Ein Schwarzer Körper ist dadurch charakterisiert, dass es ständig Emission und Absorption von Strahlung gibt, die mit dem Körper im Gleichgewicht steht. Üblicherweise betrachtet man einen Hohlraum, dessen Wände auf konstanter Temperatur gehalten werden (weswegen man auch von Hohlraumstrahlung spricht). Durch eine kleine Öffnung kann Strahlung ein- und austreten, ohne das Gleichgewicht zu stören. Experimente, die Ende des 19. Jahrhunderts durchgeführt wurden, zeigten, dass die gemessene Verteilung der Energie über die verschiedenen Frequenzen der Strahlung im Widerspruch zur Theorie des Elektromagnetismus stand. Um diesen Widerspruch zu beseitigen, führte Max Planck im Jahre 1900 eine Hypothese ein. Er postulierte, dass die Energie von den Wänden an die Strahlung nur in Vielfachen (»Quanten«) einer Grundenergie abgegeben oder aufgenommen werden könne. Diese Grundenergie E ist durch den Ausdruck

$$E = h\nu \tag{1}$$

gegeben. In dieser Formel bezeichnen ν die Frequenz der Strahlung und h eine neue Naturkonstante, die Planck an dieser Stelle einführte. Man hat sie ihm zu Ehren als Planck'sches Wirkungsquantum bezeichnet. Da die Frequenz die Anzahl der Schwingungen pro Zeiteinheit angibt, ist die Energie umgekehrt proportional zu der (als Periode bezeichneten) Zeit für eine Schwingung. Mit Plancks Hypothese ergab sich für die Energieverteilung der Strahlung über die verschiedenen Frequenzen (man spricht dabei von einem Spektrum) ein Ergebnis, das den Experimenten entsprach. In Abb. 1 ist dieses Planck-Spektrum dargestellt. Gestrichelt ist die Vorhersage der klassischen elektromagnetischen Theorie eingezeichnet. Man erkennt, dass sie für hohe Frequenzen eine immer höhere Energie verlangt, was insgesamt zu einer unendlich großen Energie führen würde – einem absurden Ergebnis. Da diese hohen Energien bei großen Frequenzen (dem »ultravioletten Bereich«) auftreten sollten, sprach man auch von der Ultraviolettkatastrophe.

In der Physik bezeichnet man als Wirkung eine Größe, welche die Dimension Energie mal Zeit hat, gemessen beispielsweise in Joule (J) mal Sekunde (s). Das Planck'sche Wirkungsquantum hat den Wert

$$h \approx 6{,}63 \times 10^{-34}\,Js \tag{2}$$

und gibt in einem gewissen Sinne die kleinstmögliche physikalische Größe an, welche die Dimension einer Wirkung hat. Statt h selbst ist es oft zweckmäßig, h geteilt durch die Zahl 2π zu betrachten. Man bezeichnet diese neue Größe als h-quer, geschrieben

$$\hbar = \frac{h}{2\pi} \approx 1{,}05 \times 10^{-34}\,Js\,. \tag{3}$$

»Bei der Einführung der Wirkungsquanten h in die Theorie ist so konservativ als möglich zu verfahren, d.h. es sind an der bisherigen Theorie nur solche Änderungen zu treffen, die sich als absolut nötig herausgestellt haben.« So schrieb Max Planck (1858–1947) noch im Jahr 1910, zehn Jahre nach seiner Einführung des Wirkungsquantums. Doch es wurde eine Revolution daraus, ins Werk gesetzt von einer deutlich jüngeren Generation von Physikern.

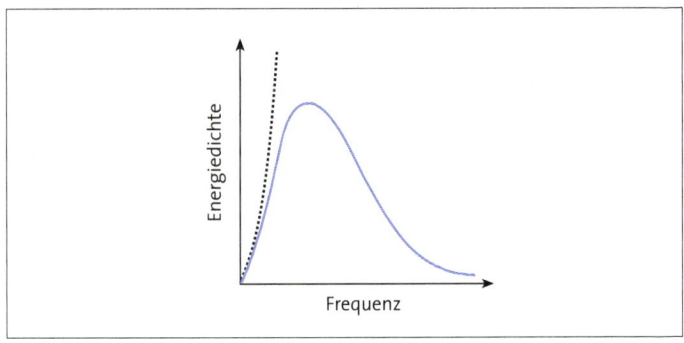

Abbildung 1: Planck-Spektrum. Gestrichelt eingezeichnet ist die Vorhersage der klassischen Theorie, die zu unendlich großer Energie führen würde.

Planck verlangte noch nicht, dass auch die Strahlung selbst in Quanten vorliege, obwohl die Gleichung (1) dies eigentlich nahelegen würde. Diesen wichtigen Schritt vollzog Einstein 1905 in einem anderen Zusammenhang. Strahlt man Licht auf eine Metalloberfläche, so können dadurch Elektronen aus dem Metall abgelöst werden (lichtelektrischer Effekt). Nach der klassischen Theorie sollte die Energie der Elektronen von der Intensität der einfallenden Lichtwelle abhängen. Stattdessen beobachtet man, dass zwar die Zahl der Elektronen von der Intensität abhängt, deren Energie aber von der Frequenz des Lichtes. Insbesondere findet unterhalb einer kritischen Frequenz keine Elektronenemission statt. Einstein erklärte dies, indem er annahm, dass das Licht aus Quanten der Energie $E = h\nu$ bestehe – später nannte man diese Lichtquanten Photonen. Bei kleinen Frequenzen ist die Energie einfach zu gering, um die Elektronen aus dem Metall zu lösen. Später konnte Einstein mit diesem Bild eine einfache Ableitung des (in Abb.1 dargestellten) Planck'schen Strahlungsgesetzes liefern.

In einem bedeutenden Vortrag 1909 in Salzburg hat Einstein den Welle-Materie-Dualismus für Licht begründet. Er betrachtete dazu einen Spiegel in einem mit Strahlung gefüllten Hohlraum. Die Strahlung übt auf den Spiegel einen Druck aus, der sich mit dem Planck'schen Gesetz berechnen lässt. Das Ergebnis setzt sich aus zwei Anteilen zusammen: einem Term, der so aussieht, als handele es sich bei der Strahlung um ein Gas mit unabhängigen Lichtteilchen, und einem Term, wie er von klassischen Lichtwellen herrühren würde. Beide Anteile werden gebraucht, weshalb Licht sowohl Teilchen- als auch Welleneigenschaften aufweist.

Die Lichtquantenhypothese hat sich endgültig durchgesetzt, nachdem Arthur Compton 1922 den Impulsübertrag eines Photons auf ein Elektron bei einem Stoß direkt nachweisen konnte. Nach dem Stoß hat das Photon eine geringere Energie und deshalb eine kleinere Frequenz (eine größere Wellenlänge), im Unterschied zur klassischen Theorie, nach der keine Frequenzänderung stattfinden sollte. Die Änderung der Wellenlänge ist bei diesem Compton-Effekt von der Größenordnung

$$\lambda_c = \frac{\hbar}{m_e c} \approx 3{,}9 \times 10^{-11}\, cm, \tag{4}$$

wobei m_e die Masse des Elektrons und c die Lichtgeschwindigkeit bedeuten; man nennt λ_c auch die Compton-Wellenlänge.

Wenn das Licht sowohl Teilchen- als auch Welleneigenschaften besitzt, sollte das nicht auch für alle anderen Materieformen gelten? Sollte deshalb nicht auch etwa ein Elektron sich wie eine Welle verhalten können? Dass dem tatsächlich so ist, formulierte Louis de Broglie 1923 als Hypothese. Er postulierte, dass Teilchen wie Elektronen auch eine Frequenz und eine Wellenlänge zugeordnet werden könne. Der Zusammenhang zwischen Energie und Frequenz ist dabei durch die Planck'sche Formel (1) gegeben. Entsprechend gibt es einen Zusammenhang zwischen Impuls $p = mv$ (Masse mal Geschwindigkeit) und Wellenlänge λ, der durch

$$p = mv = \frac{h}{\lambda} \tag{5}$$

Paul Dirac und Werner Heisenberg im Jahr 1933 vor der Freien Universität Brüssel. Heisenbergs Dialog mit Dirac war von grundlegender Bedeutung für die Formulierung und Interpretation von Heisenbergs Unbestimmtheitsprinzip.

gegeben ist. Je größer der Impuls, desto kleiner also die Wellenlänge. Für makroskopische Objekte ist diese de Broglie-Wellenlänge winzig klein. So findet man etwa für einen Körper der Masse 10^{-5} Gramm, der sich mit der Geschwindigkeit von einem Millimeter pro Sekunde bewegt, eine Wellenlänge von der Größenordnung 10^{-22} Millimeter, was unmessbar klein ist. Diese Kleinheit rührt natürlich direkt von der Kleinheit des Wirkungsquantums h her. Für kleine Massen, wie sie bei Atomen und Elementarteilchen vorliegen, erhält man aber größere Wellenlängen, die sich messen lassen. So hat man schon 1927 Elektronen an einem Kristallgitter gestreut und dabei Interferenzen beobachtet, wie man sie vom Licht her kannte – in voller Übereinstimmung mit de Broglies Formel (5). Ein analoger Effekt, die viel schwieriger zu messende Beugung von Elektronen an Licht, konnte 2001 an der University of Nebraska beobachtet werden. Dieser Effekt war bereits 1933 von Paul Dirac und Pjotr Kapiza vorhergesagt worden. Natürlich gibt es viele Situationen, in denen sich Elektronen wie Teilchen verhalten; so hinterlassen sie etwa in einer mit Wasserdampf gefüllten Nebelkammer eine gerade Spur in Form eines Kondensstreifens.

Werner Heisenberg und Niels Bohr in Kopenhagen. Aus Diskussionen zwischen Bohr und Heisenberg 1925-27 in Kopenhagen entstand die sogenannte Kopenhagener Interpretation der Quantentheorie.

Heute kann man mit einzelnen Atomen experimentieren und Interferenzexperimente anstellen, wodurch deren Wellennatur hervorragend manifestiert wird. Alle in der Natur beobachteten Materieformen unterliegen also dem Welle-Teilchen-Dualismus.

Neben der Hohlraumstrahlung war die Existenz von diskreten Linien in Spektren ein weiterer Punkt, der im Rahmen der klassischen Theorie nicht erklärt werden konnte. So beobachtet man zum Beispiel im Spektrum der Sonne viele dunkle Linien. Auf der anderen Seite emittiert etwa ein Gas aus Wasserstoff Licht bei diskreten Frequenzen bzw. Wellenlängen (siehe Abb. 2).

Die diskreten Frequenzen v gehorchen der aus dem Experiment gewonnenen Beziehung

$$hv = Ry \cdot \left(\frac{1}{n^2} - \frac{1}{k^2} \right),$$ (6)

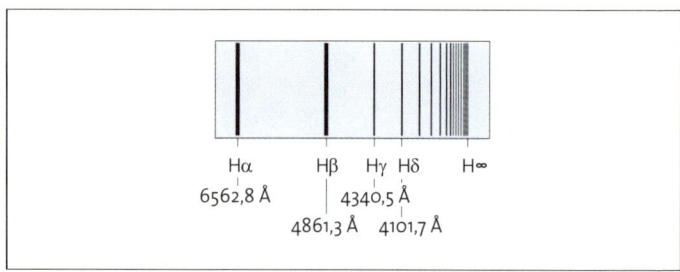

Abbildung 2: Spektrum des Wasserstoffatoms. Die Wellenlängen sind in Einheiten von 1 Å = 10⁻⁸ cm angegeben.

wobei n und k natürliche Zahlen sind und Ry die so genannte Rydberg-Konstante bezeichnet, die man experimentell bestimmen kann. Man erkennt, dass in dieser Formel wieder das Wirkungsquantum erscheint. Um 1913 stellte man sich nach einem Modell von Niels Bohr vor, dass ein Atom aus einem positiv geladenen Kern bestehe, um den die negativ geladenen Elektronen wie Planeten kreisen. Nach der klassischen Theorie sollte eine beschleunigte Ladung aber kontinuierlich Energie abstrahlen (die so genannte Bremsstrahlung), die sich über einen weiten Frequenzbereich erstreckt und nicht nur über diskrete Werte wie bei (6). Darüber hinaus sollten die Elektronen durch den Energieverlust spiralförmig in den Kern stürzen und Materie eigentlich nicht stabil existieren können. Aus diesem Grund postulierte Bohr ad hoc, dass sich die Elektronen nur auf bestimmten diskreten Bahnen um den Kern bewegen dürfen (ein Bild, das sich später als unzureichend erweisen sollte). Bohrs »Quantisierungsbedingung« kann man in folgender Weise formulieren:

$$mvr = n\hbar \ . \tag{7}$$

In Worten besagt dies, dass das Produkt aus Masse m, Geschwindigkeit v und Bahnradius r ein natürliches Vielfaches (n bezeichnet eine natürliche Zahl) von $\hbar$ ist. Gebraucht man statt der Frequenz ν die so genannte Kreisfrequenz $\omega = 2\pi\nu$, so erhält man aus (1) die oft benutzte Form

$$E = \hbar\omega . \qquad\qquad (8)$$

Setzt man die Bohr'sche Gleichung (7) in die Beziehung von de Broglie (5) ein, so findet man, dass die Bohr'sche Bedingung gerade besagt, dass eine ganze Zahl von Elektronenwellenlängen λ auf die Umlaufbahn mit Umfang U passen darf,

$$n\lambda = 2\pi r = U . \qquad\qquad (9)$$

Die Situation ist also analog zu einer schwingenden Saite und direkt eine Konsequenz der Wellennatur von Elektronen.

Dass es in Atomen diskrete Energieniveaus gibt, erkennt man nicht nur an den Spektren. In einem berühmten Experiment von James Franck und Gustav Hertz aus dem Jahre 1913 werden Elektronen durch eine mit Quecksilberdampf gefüllte Röhre geschickt. Dabei müssen sie eine kleine negative Gegenspannung durchlaufen. Erhöht man diese Spannung, so wächst zunächst der von den Elektronen erzeugte Strom an. Bei weiterer Erhöhung stellt man allerdings fest, dass dieser Strom bei diskreten Werten der Gegenspannung rapide absinkt (Abb. 3). Das ist genau dann der Fall, wenn die Energie der Elektronen ausreicht, um ein Quecksilberatom von dem Zustand niedrigster Energie (dem Grundzustand) in einen Zustand höherer Energie (einen angeregten Zustand) zu bringen. Dadurch verlieren die Elektronen an Energie und können die Gegenspannung nicht mehr durchlaufen. Die diskrete Struktur der Energieniveaus spiegelt sich dann in den diskreten Werten der Spannungen beim Stromabfall wider.

Das Bohr'sche Modell erklärt befriedigend das Spektrum des Wasserstoffatoms. Es versagt allerdings für kompliziertere Atome, beispielsweise Helium. Man musste daher eine Theorie konstruieren, welche dieses Modell und den Welle-Materie-Dualismus umfasst

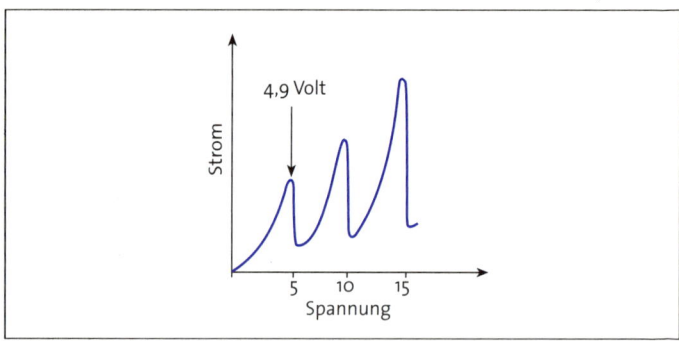

und verallgemeinert. Die Grundlagen dieser Theorie, der Quantentheorie (oder Quantenmechanik), wurden in den Jahren 1925–1927 geschaffen. Maßgeblich daran beteiligt waren Erwin Schrödinger, Werner Heisenberg, Max Born, Wolfgang Pauli und Paul Dirac. Die Quantentheorie ist etwas ganz anderes als die heuristische Vorstellung von einem Wellen-Teilchen-Dualismus und viel abstrakter. Der Wellenaspekt wird durch eine Wellenfunktion zum Ausdruck gebracht, die allerdings im Allgemeinen nicht mehr im normalen dreidimensionalen Anschauungsraum definiert ist, sondern auf einem hochdimensionalen Raum, den man als Konfigurationsraum bezeichnet. Der Bezug zum Teilchenbild ist nur noch über eine Wahrscheinlichkeitsinterpretation möglich. Im Folgenden werden die wichtigsten Elemente dieser Theorie vorgestellt, wobei auf den **Mathematischen Formalismus** verzichtet wird.

S. 113

2.2 Superpositionsprinzip und Wahrscheinlichkeitsinterpretation

Ein grundlegendes Experiment für die Prinzipien der Quantentheorie ist der Doppelspaltversuch (Abb. 4): Quantenmechanische Objek te, beispielsweise Atome, Elektronen oder Photonen, werden durch zwei Spalte geschickt und auf einem dahinter befindlichen Schirm registriert. Bei dem Schirm kann es sich etwa um eine Photoplatte handeln, und bei der Registrierung ergibt sich dann ein Fleck durch Schwärzung. Bei klassischen Teilchen würden sich auf dem Schirm zwei geschwärzte Bereiche als Abbild der Spalte ergeben. Man stellt nun aber fest, dass sich im Laufe der Zeit nicht dieses Abbild, sondern ein Interferenzbild aufbaut, das sich aus den vielen Einzelflecken zusammensetzt – ein eindrucksvolles Beispiel für die Wellennatur quantenmechanischer Objekte. Dazu ist es völlig ausreichend, wenn zu einer gegebenen Zeit nur ein »Teilchen« die Spalte passiert. Dieses Teilchen interferiert somit mit sich selbst. Das Interferenzbild verschwindet, wenn nur der eine oder der andere Spalt offen ist. Es verschwindet auch, wenn das Teilchen zwischen Spalt und Schirm beobachtet wird. Durch diese Beobachtung entsteht quasi erst der Teilchencharakter (siehe Kap. 4), und die Welleneigenschaften gehen verloren. Das ist wie bei dem oben erwähnten Beispiel des Elektrons, das in einer Nebelkammer eine Teilchenspur hinterlässt – diese Spur wird in einem gewissen Sinne von den Atomen in der Kammer erzeugt. Interferenzversuche hat man nicht nur mit Elektronen, Photonen und Atomen durchgeführt, sondern auch mit größeren Systemen. So ist es beispielsweise in Experimenten von Anton Zeilinger und Mitarbeitern an der Universität Wien gelungen, Moleküle aus 60 bzw. 70 Kohlenstoffatomen (die so genannten Fullerene C_{60} bzw. C_{70}) zur Interferenz zu bringen; tatsächlich konnten jeweils einzelne Moleküle dieser Sorte mit sich selbst interferieren.

Statt des Doppelspalts benutzt man oft einen analogen Aufbau mit Interferometern, um den Unterschied zwischen klassischen Teilchen und quantenmechanischen Objekten zu demonstrieren (Abb. 5). Dabei wird das Teilchen durch einen Strahlteiler zunächst aufgespalten und dann wieder zusammengeführt. Nach dieser Zusammenführung kann man in geeigneten Detektoren A und B Interfe-

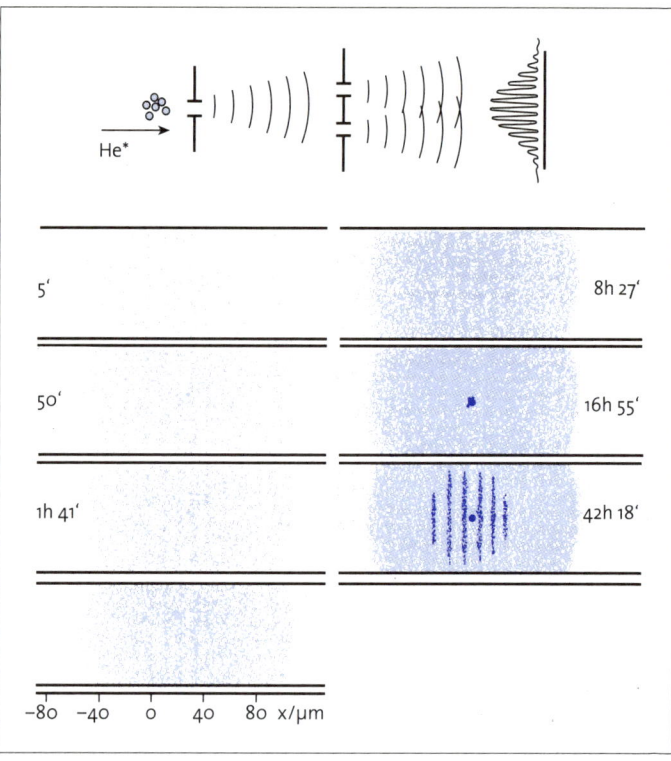

-80 -40   0   40   80 x/μm

Abbildung 4: Doppelspaltversuch mit Heliumatomen. Die einzelnen Bilder wurden zwischen 5 Minuten und 42 Stunden und 18 Minuten nach Beginn des Experimentes aufgenommen.

renzmuster beobachten. Ein klassisches Teilchen könnte nie beide Wege zugleich einschlagen und müsste sich für den einen oder anderen entscheiden – es wären dann keine Interferenzen beobachtbar. Wie beim Doppelspalt verschwinden die Interferenzerscheinungen allerdings, wenn man das Teilchen zwischen Aufteilung und Zusammenführung beobachtet; es nimmt dann klassische Eigenschaften an und kann nicht mehr mit sich selbst interferieren.

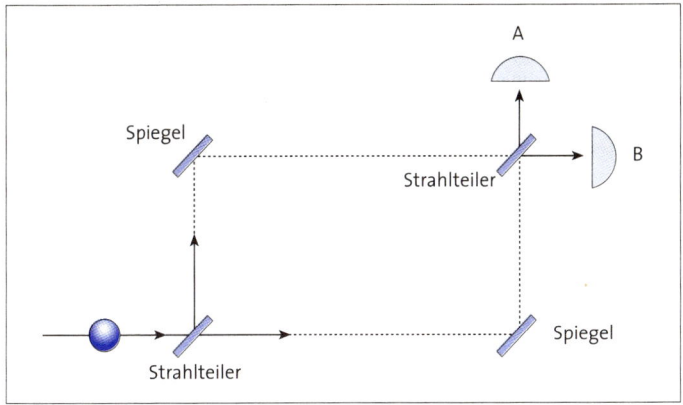

Abbildung 5: Interferometer

In der Quantentheorie beschreibt man Teilchen wegen ihrer Interferenzfähigkeit durch so genannte Wellenfunktionen, meistens mit dem griechischen Buchstaben Ψ abgekürzt. Handelt es sich nur um ein Teilchen, so ist diese Wellenfunktion zufälligerweise auf dem normalen dreidimensionalen Raum (und der Zeit) definiert. Sie gibt den Zustand des Teilchens an. Für mehrere Teilchen ist sie allerdings auf einem abstrakten Raum definiert, der sich aus den Orten aller Teilchen zusammensetzt – bei zwei Teilchen sind das also sechs, bei drei Teilchen neun Dimensionen und so weiter. Man nennt diesen abstrakten Raum den Konfigurationsraum der Teilchen. Zentrales Element der Quantentheorie ist das Superpositionsprinzip: Wenn ein System durch Wellenfunktionen Ψ_1 und Ψ_2 beschrieben werden kann, so ist auch deren Summe $\Psi_1 + \Psi_2$ wieder eine mögliche Wellenfunktion des Systems (allgemein ist jede Kombination $c_1\Psi_1 + c_2\Psi_2$ mit komplexen Zahlen c_1 und c_2 wieder ein möglicher Zustand).

Das Superpositionsprinzip ist eine wesentliche Eigenschaft von Wellentheorien. Das Superpositionsprinzip bewirkt, dass man im Allgemeinen einem System, das aus mehreren Teilchen (Freiheitsgraden) besteht, nur eine gemeinsame Wellenfunktion (einen Zustand) zuordnen kann – man bezeichnet die Teilsysteme dann als miteinander *verschränkt*. Diese Verschränkung ist der Hauptunterschied zwischen Quantentheorie und klassischer Physik: In Letzterer gilt das Superpositionsprinzip nur für die üblichen Wellen. Ein klassisches Teilchen hingegen kann unmöglich an zwei Orten gleichzeitig sein, da es stets lokalisiert ist, und bei mehreren Teilchen ist es immer sinnvoll, den einzelnen Teilchen einen eigenen Zustand (Ort und Impuls) zuzuordnen. In der Quantentheorie gilt das Superpositionsprinzip dagegen exakt für alle Materieformen, womit die durchgängige Lokalisierung von »Teilchen« bzw. allgemein die individuelle Zustandsbeschreibung wegfallen. Die Verschränkung zwischen einzelnen Quantensystemen ist auch der Hauptgrund für die Interpretationsproblematik der Quantentheorie, wie sie sich etwa am Beispiel von Schrödingers Katze äußert, vgl. die Diskussion in Kap. 4. Für ein verschränktes System stellt das Gesamtsystem mehr dar als die Summe seiner Teile.

Das Superpositionsprinzip und die hieraus folgende Verschränkung von Quantensystemen haben sich experimentell glänzend bestätigt. Hier seien nur wenige Beispiele exemplarisch angeführt:

- Das Spektrum des Heliumatoms (und das komplizierterer Atome) kann ohne die Verschränkung von Elektronenzuständen nicht korrekt berechnet werden, siehe Kap. 3.4.

- Es ist gelungen, Photonenpaare über eine Entfernung von mehr als zehn Kilometern zu verschränken. Solche Experimente sind insbesondere für die Quanteninformation und den Bau von Quantencomputern von Bedeutung.

- Im Jahr 2000 ist es gelungen, in einem so genannten SQUID (Abb. 6) zwei entgegengesetzt laufende makroskopische Ströme (der Stärke von Mikroampère) zur Superposition zu bringen. In einem SQUID sind zwei Supraleiter durch ein isolierendes Metalloxid (den Josephson-Kontakt) voneinander getrennt.

- In einem an der Universität Aarhus durchgeführten Experiment aus dem Jahre 2001 konnten zwei Atomwolken mit Billionen von Atomen in einen verschränkten Zustand gebracht werden.

- In der Elementarteilchenphysik kann die Superposition von zwei verschiedenen Teilchen ein neues Teilchen ergeben. So ergibt sich etwa aus dem K^0-Meson und seinem Antiteilchen durch Summen- und Differenzenbildung das so genannte kurzlebige K-Meson K_s bzw. das langlebige K-Meson K_l. Verschiedene Neutrinoarten können superponiert werden, was für die beobachteten Neutrinooszillationen von Bedeutung ist.

Das Superpositionsprinzip hat auch viele weitere Konsequenzen. So folgt aus ihm beispielsweise die Unmöglichkeit, eine exakte Kopie eines Quantenzustandes herzustellen (den Zustand zu »klonen«), ein Sachverhalt, der für die Quanteninformation von Bedeutung ist.

Historisch hat man die Quantentheorie bei ihrer Entstehung 1925/26 zunächst in zwei verschiedenen Bildern formuliert, deren Äquivalenz dann bewiesen werden konnte. So hat der mehr vom Teilchenbild beeinflusste Heisenberg die so genannte Matrizenmechanik geschaffen, während der mehr vom Wellenbild (durch die Arbeiten de Broglies) inspirierte Schrödinger die Wellenmechanik entwickelt hat. In einer später von Richard Feynman formulierten Sichtweise, dem so genannten »Pfadintegral«, geht man von der fiktiven Vorstellung aus, dass ein quantenmechanisches Teilchen auf allen möglichen Pfaden gleichzeitig von einem Ort zum anderen gelangen kann. Auch dieser Formalismus ist zu Matrizen- und Wellenmechanik äquivalent.

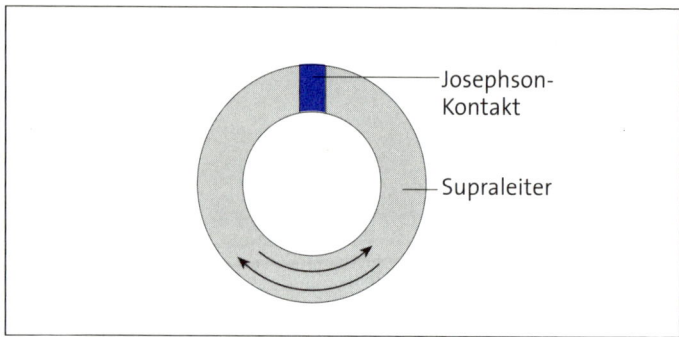

Die Verknüpfung der beiden Bilder geschieht über die Wahrscheinlichkeitsinterpretation der Theorie, auch statistische Deutung genannt. Sie wurde von Max Born 1926 aufgestellt. Was besagt sie? In dem oben beschriebenen Doppelspaltexperiment baut sich das Interferenzbild aus vielen Einzelpunkten (»Teilchen«) auf. Man benötigt also tatsächlich viele Teilchen, um das Interferenzbild beschreiben zu können. Die Wellenfunktion eines Quantensystems (Elektron, Atom etc.) ist nun nach der statistischen Deutung ein Maß für die Wahrscheinlichkeit, dass das Teilchen an einer bestimmten Stelle auf dem Schirm einen Fleck bildet (»beobachtet wird«). Genauer gesagt ist es das Quadrat der Wellenfunktion, das diese Wahrscheinlichkeit angibt; Ψ selbst heißt Wahrscheinlichkeitsamplitude. (Da die Wellenfunktion im Allgemeinen eine komplexe Funktion ist, ist die Wahrscheinlichkeit durch das Betragsquadrat $|\Psi|^2$ gegeben, siehe **Mathematischer Formalismus**. $|\Psi|^2 \, \Delta V$ gibt die Wahrscheinlichkeit dafür an, das Teilchen innerhalb eines (kleinen) Volumens ΔV anzutreffen.) Die Intensitätsverteilung auf dem Schirm (Abb. 4) liefert dann direkt die Wahrscheinlichkeit dafür, an den entsprechenden Stellen einen Fleck zu beobachten (Interpretation der Wahrscheinlichkeit als relative Häufigkeit). Aus der Forderung, dass die Wahr-

S. 113

scheinlichkeit, das Teilchen irgendwo zu beobachten, gleich eins ist, erhält man eine mathematische Einschränkung an die mögliche Gestalt von Wellenfunktionen, die für die Struktur der Quantentheorie zentrale Bedeutung hat (»Normierungsbedingung«).

Da es die Wellenfunktionen sind, die sich überlagern, und nicht deren Quadrate, spricht man auch von der Interferenz der Wahrscheinlichkeiten. In einer klassischen Theorie würde man hingegen direkt die Wahrscheinlichkeiten addieren. Beim Doppelspalt hätte dies zur Folge, dass sich hinter dem Spalt zwei Maxima ausbilden würden und kein Interferenzmuster, als direktes Abbild der durch die Spalte eintreffenden Teilchenströme.

Wahrscheinlichkeiten können nicht nur für die Ortsverteilung, sondern auch für andere Größen angegeben werden. So können etwa Wahrscheinlichkeiten dafür berechnet werden, einen bestimmten Impuls oder eine bestimmte Energie zu beobachten. Dazu benötigt man alternative Darstellungen der Wellenfunktion, die nach einem wohldefinierten mathematischen Verfahren gewonnen werden können. Nur die Zeit spielt in der Quantentheorie die gleiche Rolle wie in der klassischen Physik – sie ist ein äußerer Parameter, der absolut vorgegeben ist und keiner Wahrscheinlichkeitsverteilung unterliegt.

Oft wird im Zusammenhang mit der statistischen Deutung der Quantentheorie von dem Verlust des Determinismus gesprochen. In der klassischen Physik sind ja Ort und Impuls eines Teilchens zu jeder Zeit eindeutig bestimmt (determiniert), wenn sein Ort und Impuls zu irgendeiner Zeit vorgegeben werden. In der Quantentheorie können hingegen nur Wahrscheinlichkeitsvoraussagen für Ort und Impuls getroffen werden. Das ist richtig, solange es um klassische Begriffe wie eben den Ort und den Impuls eines Teilchens geht. Die Wellenfunktion selber gehorcht allerdings einer deterministischen Gleichung (siehe Kap. 2.5): Ist Ψ zu irgendeiner Zeit vorgegeben, so ist Ψ für alle Zeiten bestimmt (determiniert).

2.3 Die Unbestimmtheitsrelation

In der klassischen Mechanik wird der Zustand eines Teilchens durch seinen Ort und seinen Impuls charakterisiert, im Spezialfall einer Raumdimension durch die Variablen x beziehungsweise p bezeichnet. Ort und Impuls legen die Bahn des Teilchens eindeutig fest; sie bilden zusammen den »Phasenraum« des klassischen Teilchens.

In der Quantentheorie ist der Zustand eines Teilchens durch seine Wellenfunktion bestimmt. Sie hängt allerdings *nur* vom Ort des Teilchens ab, nicht von Ort und Impuls (alternativ kann man eine Beschreibung wählen, die nur vom Impuls abhängt). Aus dieser Halbierung der klassischen Variablen folgt, dass es keine Teilchenbahnen mehr gibt, nur Wahrscheinlichkeiten für den Ort oder – alternativ – den Impuls. Konkret wird die Nichtexistenz der klassischen Bahnen durch eine prinzipielle Schranke an die gleichzeitigen »Unschärfen« Δx und Δp von Ort und Impuls charakterisiert. Sie gehorchen der Unschärfe- oder Unbestimmtheitsrelation

$$\Delta x \cdot \Delta p \geq \frac{\hbar}{2} \,. \tag{10}$$

Während es in der klassischen Mechanik nur eine praktische Beschränkung dieser Unschärfen gibt, handelt es sich bei (10) um eine prinzipielle Schranke, bestimmt durch die Größe des Wirkungsquantums $\hbar$. Eine höhere Genauigkeit in der Ortsmessung (eine kleinere Unschärfe Δx) bringt also notgedrungen eine geringere Genauigkeit in der Impulsmessung (eine größere Unschärfe Δp) mit sich (und umgekehrt).

Es muss betont werden, dass es hierbei nicht um die Genauigkeit einer Messung geht; eine optimale Genauigkeit ist bereits vorausgesetzt. Es handelt sich tatsächlich um eine prinzipielle Beschränkung: Macht man an einem System, das immer auf die gleiche Weise präpariert worden ist, mehrere Messungen von Ort oder Impuls, so gehorchen die Messergebnisse einer Statistik, welche (10) genügt. Es

Niels Bohr und Albert Einstein in der Wohnung der Ehrenfests. In berühmten Diskussionen zwischen Bohr und Einstein, die 1927 und 1930 anläßlich der Solvay-Konferenzen in Brüssel stattfanden, ging es um die physikalische Bedeutung der Unbestimmtheitsrelationen.

kann sich bei diesen Messungen immer um ein anderes Teilchen innerhalb des gleichen Ensembles handeln, so dass eine Störung durch die Messung ausgeschlossen werden kann. Aus diesem Grund trifft die Bezeichnung Unbestimmtheitsrelation den Sachverhalt besser als die Bezeichnung Unschärferelation, da es eben nicht so ist, dass Ort und Impuls »an sich« bestimmt sind und nur durch die Messung unscharf werden; der Quantentheorie ist der Begriff der Teilchenbahn von vornherein fremd. Im **Mathematischen Formalismus** spiegelt sich das in der Tatsache wider, dass x und p durch nichtvertauschbare Größen beschrieben werden. Zwei Größen A und B heißen nichtvertauschbar, wenn A mal B ungleich B mal A ist. Das heißt aber, dass man x und p nicht mehr durch Zahlen beschreiben kann, sondern durch kompliziertere mathematische Objekte.

S. 113

Die Unbestimmtheitsrelation wird oft durch Gedankenexperimente veranschaulicht, die eine gewisse historische Bedeutung besitzen.

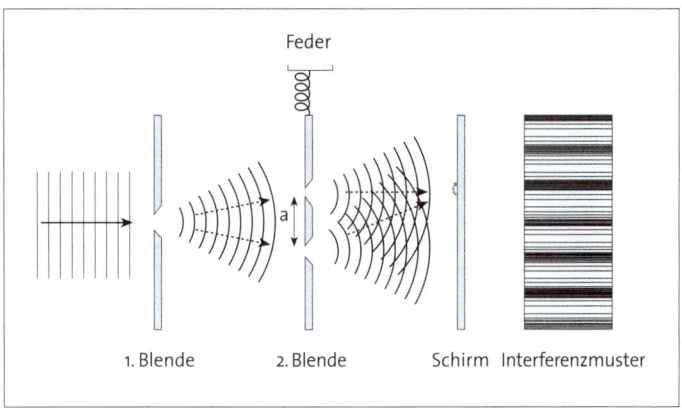

Abbildung 7: Gedankenexperiment von Bohr und Einstein

So haben Einstein und Bohr auf einer Konferenz in Brüssel 1927 das folgende Beispiel diskutiert, mit dem Einstein die Ungültigkeit der Unbestimmtheitsrelation demonstrieren wollte (siehe Abb. 7): Durch eine erste Blende fallen Teilchen mit einer de Broglie-Wellenlänge λ auf eine aus einem Doppelspalt bestehende zweite Blende und danach auf einen Schirm, auf dem sie registriert werden (z. B. durch Schwärzung einer Photoplatte, siehe Kap. 2.2) und dabei ein Interferenzmuster liefern. Bei diesem Muster sind die Maxima durch den Betrag λ/a voneinander getrennt, wobei a den Spaltabstand bezeichnet. Wegen (5) erhält man hieraus sofort Information über den Teilchenimpuls. Einstein argumentierte nun wie folgt: Hängt man die zweite Blende an eine Feder, so dass sich die Blende frei bewegen kann, so lässt sich der Impulsübertrag des Teilchens auf die Blende messen. Dieser Übertrag hängt von dem Spalt ab, durch den das Teilchen geht. Damit besäße man aber zusätzlich zu dem aus dem Interferenzmuster bestimmten Impuls genaue Kenntnis über den Ort und damit die Bahn des Teilchens – im Widerspruch zur Unbestimmtheitsrelation.

Diesen Einwand Einsteins konnte Bohr entkräften, indem er die Unbestimmtheitsrelation (10) nicht nur auf das Teilchen, sondern auch auf die zweite Blende anwandte, also auf einen makroskopischen Messapparat. Erlaubt nämlich die Impulsmessung der Blende die Bestimmung des Spaltes, durch den das Teilchen geht, so bewegt sich die Feder derart schnell hin und her, dass das Interferenzmuster auf dem Schirm verschmiert wird und die Bestimmung des Teilchenimpulses nicht mehr möglich ist – in Einklang mit der Unbestimmtheitsrelation.

In diesem Gedankenexperiment scheint die Störung des Teilchens durch die Blende eine Rolle zu spielen. Historisch wurde deshalb die Unbestimmtheitsrelation oft als Folge der Störung des Systems durch den Messapparat interpretiert. Dass dies nicht korrekt ist, wurde oben schon erwähnt. Ein Experiment, das diese Fehlinterpretation besonders eindrucksvoll demonstriert, wurde 1998 von Gerhard Rempe und Mitarbeitern an der Universität Konstanz durchgeführt. In diesem »welcher-Weg«-Experiment konnte der Impulsübertrag des Messapparates auf das System nämlich so gering gehalten werden, dass er nicht für das Verschwinden des Interferenzmusters verantwortlich sein konnte. Konkret wird bei dem Experiment ein Strahl von Atomen an einer stehenden Lichtwelle gebeugt, was zu einem Interferenzmuster führt (Abb. 8). Wenn man aber innerhalb des Atoms Information darüber speichert, »welchen Weg« das Atom zurücklegt, so verschwindet das Muster. Das geschieht dadurch, dass man den inneren Zustand des Atoms (d. h. den Zustand seiner Elektronen) mit dem Impuls des Atoms im Sinne von Kap. 2.2 verschränkt: Ein bestimmter elektronischer Zustand ist mit dem gerade durchgehenden, ein anderer mit dem reflektierten Weg korreliert. Dabei zählt nur, dass die Information gespeichert wird, sie muss nicht tatsächlich abgelesen werden. Dass kein nennenswerter Impulsübertrag stattgefunden hat, erkennt man daran, dass zwar das Interferenzmuster verschwindet, nicht aber seine »Einhüllende« (Abb. 8).

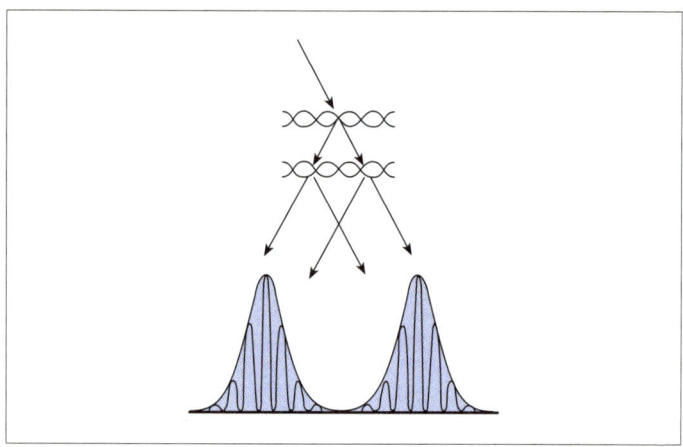

Abbildung 8: Welcher-Weg-Experiment

Aus der Kenntnis der Unbestimmtheitsrelation können bereits ohne detaillierte Rechnungen qualitative Aussagen über das Verhalten quantenmechanischer Systeme gewonnen werden. So führt (10) beispielsweise auf die Existenz von »Nullpunktsenergien«; dabei handelt es sich um die Tatsache, dass die Energiewerte von manchen Systemen nie null werden können. Eines der wichtigsten Beispiele ist der so genannte harmonische Oszillator, im einfachsten Falle ein Teilchen, das periodische Schwingungen ausführt. Bezeichnet ω die Kreisfrequenz des Teilchens (siehe Kap. 2.1) und m seine Masse, so ist die kinetische Energie durch den Ausdruck

$$E_{kin} = \frac{p^2}{2m} \tag{11}$$

gegeben, während die potentielle Energie

$$E_{pot} = \frac{m\omega^2 x^2}{2} \tag{12}$$

lautet. Die Gesamtenergie ist die Summe aus kinetischer und potentieller Energie. Könnte sich das Teilchen in einem Zustand mit Gesamtenergie null befinden, so müssten Ort und Impuls gleichzeitig exakt null sein – im Widerspruch zur Unbestimmtheitsrelation. In der Tat kann man schon allein aufgrund von (10) abschätzen, dass die niedrigste Energie E_0 von der Größenordnung

$$E_0 = \frac{\hbar\omega}{2} \qquad (13)$$

sein muss, was in diesem Fall sogar mit dem exakten Ergebnis (siehe Kap. 3.1) übereinstimmt. Für diese niedrigste Energie beträgt die Orts-unschärfe des Teilchens

$$\Delta x = \sqrt{\frac{\hbar}{2m\omega}} \quad . \qquad (14)$$

Eine Folge hiervon sind beispielsweise die Gitterschwingungen bei **Festkörpern** und die Vakuumenergie in der **Quantenfeldtheorie**.

S. 87 / 100

Es gibt in der Quantentheorie nicht nur eine Unbestimmtheitsrelation zwischen Ort und Impuls, sondern auch zwischen Zeit und Energie,

$$\Delta E \cdot \Delta t \geq \frac{\hbar}{2} \quad . \qquad (15)$$

Wir haben allerdings bereits bemerkt, dass die Zeit in der Quantentheorie im Unterschied zum Ort im Prinzip immer scharf bestimmt ist. Aus diesem Grund kann (15) nicht die gleiche Interpretation wie (10) haben. In der Tat folgt die Energie-Zeit-Relation, wenn man die Beziehung (8) mit der folgenden Beziehung verknüpft, welche auch für klassische Wellen gilt:

$$\Delta\omega \cdot \Delta t \geq \frac{1}{2} \quad . \qquad (16)$$

Diese Relation besagt, dass Dauer und Frequenz eines Signals (z. B. in der Musik) nicht gleichzeitig genau bestimmt sind. So ist es beispielsweise nicht einfach, sehr tiefe Noten kurz zu spielen. Eine typische Anwendung von (15) in der Quantentheorie ist die Bestimmung der Lebensdauer eines instabilen Zustandes aus der Energiebreite der entsprechenden Spektrallinie, vgl. Kap. 3.

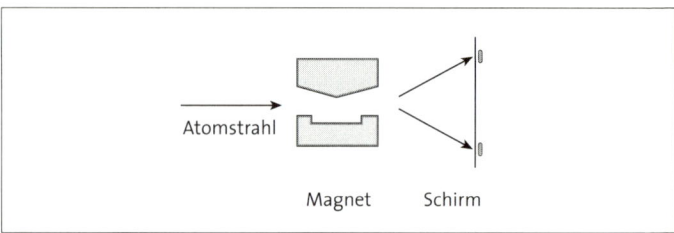

2.4 Spin

Ein Teilchen, das um ein anderes kreist, besitzt einen Drehimpuls, genauer: Bahndrehimpuls. In der Quantentheorie gibt es daneben einen inneren Drehimpuls oder Spin, für den es in der klassischen Theorie kein Analogon gibt. Zwar hat ein rotierender klassischer Körper einen eigenen Drehimpuls, doch ist etwa ein Elektron ein strukturloses Teilchen, das man sich nicht wie ein Kügelchen vorstellen kann. Trotzdem besitzt es einen Spin. Damit verknüpft ist auch ein magnetisches Moment. Ein magnetisches Moment gibt die Stärke der Wechselwirkung mit einem äußeren Magnetfeld an.

Einen Hinweis auf die Existenz des Spins lieferte ein historisch bedeutsames Experiment, das Otto Stern und Walther Gerlach im Jahre 1922 durchführten. Die beiden Physiker schickten einen Strahl von Silberatomen durch ein inhomogenes Magnetfeld und beobachteten die auftretende Ablenkung (siehe Abb. 9). Eine solche erfolgt, weil die Atome ein magnetisches Moment besitzen. Nach der klassischen Physik würde man eine kontinuierliche Ablenkung erwarten, da die Richtung des magnetischen Moments in dem Atomstrahl kontinuierlich variiert. Tatsächlich beobachtet man aber eine Aufspaltung in zwei Strahlen (Abb. 9). Das zeigt, dass es in Bezug auf das Magnetfeld nur zwei Einstellmöglichkeiten der magnetischen Momente gibt – man spricht auch von »Richtungsquantelung«. Sie liefert einen starken Hinweis darauf, dass das Elektron, das sich in der äußersten Schale (siehe Kap. 3.4) eines Silberatoms befindet, einen inneren Drehimpuls besitzt, eben den Spin. Man stellt fest, dass der Spin bezüglich einer beliebig vorgegebenen Richtung (die in dem Stern-Gerlach-Experiment durch das Magnetfeld gegeben ist) die Werte $\hbar/2$ und $-\hbar/2$ annehmen kann. Das wird durch die allgemeine Theorie bestätigt (vgl. Kap. 3.2).

Teilchen, die wie das Elektron einen halbzahligen Spin aufweisen (in Einheiten von $\hbar$), nennt man Fermionen (benannt nach dem italienischen Physiker Enrico Fermi). Außer dem Elektron sind zum Beispiel Protonen, Neutronen und Neutrinos Fermionen. Die Bestandteile von Protonen und Neutronen, die so genannten Quarks, sind ebenfalls Fermionen. Bei einem ganzzahligen Spin spricht man von Bosonen (benannt nach dem indischen Physiker Satyendra Nath Bose). In diese Klasse fällt das Lichtteilchen (Photon), das den Spin eins (in Einheiten von $\hbar$) besitzt. Dass es keine weiteren Möglichkeiten gibt, folgt aus der Diskussion der Drehsymmetrie in der Quantentheorie (Kap. 3.2). Eine ungerade Anzahl von Fermionen liefert wieder ein Fermion, eine gerade Anzahl hingegen ein Boson. So ist das Proton, das sich aus drei Fermionen (eben den Quarks) zusammensetzt, ein Fermion, während die aus zwei Quarks bestehenden Mesonen Bosonen sind.

Die Quantentheorie kennt einen tiefliegenden Zusammenhang zwischen dem Spin einer Teilchenklasse und der von diesen Teilchen erfüllten Statistik. Diesen Zusammenhang kann man nur dann exakt beweisen, wenn man die Spezielle Relativitätstheorie zur Quantentheorie hinzufügt (**Quantenfeldtheorie**). Es stellt sich dabei heraus, **S. 100** dass sich maximal ein Fermion in einem gegebenen Quantenzustand befinden kann, wobei ein Zustand durch den Ort (beschrieben durch die oben diskutierte Wellenfunktion) sowie den Spin gegeben ist. Zwei Fermionen, die sich im gleichen Spinzustand befinden, können sich also nicht am gleichen Ort aufhalten. Dieses so genannte

Erwin Schrödinger (1887–1961) um 1950. Die 1926 von Schrödinger aufgestellte Gleichung liegt den meisten Anwendungen der Quantentheorie zugrunde. Das von ihm 1935 formulierte Gedankenexperiment mit der Katze spielt eine grundlegende Rolle in den Diskussionen um die Interpretation der Quantentheorie.

Paulische Ausschließungsprinzip (kurz: Pauli-Prinzip) oder Pauli-Verbot spielt eine zentrale Rolle beim Aufbau der Atome (Kap. 3.4). Bosonische Teilchen können sich hingegen in beliebiger Anzahl im gleichen Zustand aufhalten.

Auch den Spin kann man durch eine entsprechende Wellenfunktion Ψ_s beschreiben. Im Unterschied zur oben diskutierten Wellenfunktion ist diese jedoch nicht auf einem klassischen Konfigurationsraum definiert, sondern auf einem abstrakten »Spinraum«, für den es in der klassischen Physik kein Analogon gibt.

2.5 Die Schrödinger-Gleichung

Wir haben gesehen, dass Zustände in der Quantentheorie durch Wellenfunktionen Ψ beschrieben werden. Aber welcher Gleichung genügen sie? Wie entwickeln sie sich in der Zeit? Wegen des Superpositionsprinzips sollten die Wellenfunktionen ganz sicher einer linearen Gleichung genügen: Man kann sie mit einer Zahl multiplizieren und addieren, und sie gehorchen noch immer dieser Gleichung.

Eine weitere Einschränkung folgt aus der Wahrscheinlichkeitsinterpretation: Die gesamte Wahrscheinlichkeit, das Teilchen irgendwo zu finden, sollte natürlich gleich eins sein und aufgrund der gesuchten Gleichung zeitlich immer gleich eins bleiben.

Erwin Schrödinger hat 1926 diese Gleichung gefunden. Sie ist vollkommen deterministisch: Wird Ψ zu irgendeiner Zeit vorgegeben, so ist Ψ für alle Zeiten festgelegt. Die Schrödinger-Gleichung ist extrem erfolgreich und liegt praktisch allen Anwendungen der Quantenmechanik zugrunde, soweit Effekte der Relativitätstheorie vernachlässigt werden können. Sie ist in der Lage, die Spektren aller Atome zu beschreiben (siehe Kap. 3.4). Es sind nämlich für gebundene Zustände, wie sie die Atome darstellen (negative Elektronen sind an den positiven Kern gebunden), nur bestimmte diskrete Energiewerte als Lösung dieser Gleichung möglich – die »Quantisierung« ist somit erklärt. Für diese Zustände ist die Wahrscheinlichkeitsverteilung unabhängig von der Zeit, weshalb man gerne von stationären Zuständen spricht. Durch die Wechselwirkung mit elektromagnetischer Strahlung (**Quantensysteme im elektromagnetischen Feld**) gibt es S. 81 Übergänge zwischen diesen diskreten Zuständen, deren Gesamtheit man als Spektrum beobachtet (siehe beispielsweise Abb. 2). Es existiert allerdings ein Grundzustand niedrigster Energie, der stabil ist. Für diesen gibt es im Unterschied zur klassischen Theorie keine Bremsstrahlung, weshalb das Elektron nicht in den Kern stürzt. So kann man aufgrund der Quantentheorie verstehen, warum die Materie stabil ist.

Die Situation ist ähnlich wie bei stehenden Wellen auf der Saite eines Musikinstruments (Abb. 10). Dort sind die Eigenschwingungen dadurch charakterisiert, dass Wellenlänge bzw. Frequenz nur bestimmte Werte annehmen können, quasi »quantisiert« sind. Das liegt daran, dass die Saite an den Enden eingespannt ist, die Welle dort also einen Knoten besitzt, und deshalb nur Platz für ganzzahlige Vielfache der (halben) Wellenlänge ist. Da in der Quantentheorie

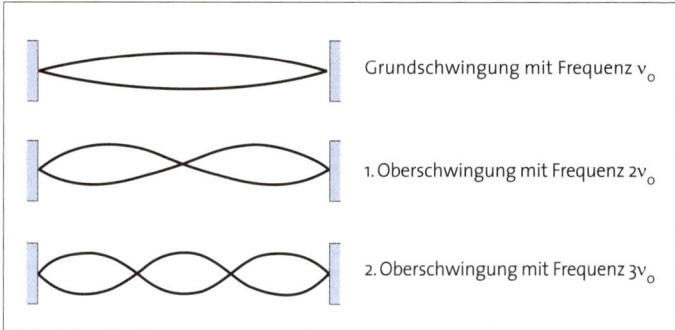

Grundschwingung mit Frequenz ν_0

1. Oberschwingung mit Frequenz $2\nu_0$

2. Oberschwingung mit Frequenz $3\nu_0$

Abbildung 10: Schwingende Saite

Energie und Frequenz zueinander proportional sind, siehe (1), folgt die Quantisierung der Energie. Es sei aber noch einmal betont, dass im Unterschied zu den rein räumlichen Wellen bei der Saite die quantenmechanische Wellenfunktion auf einem höherdimensionalen Konfigurationsraum definiert ist.

Die Schrödinger-Gleichung kann das für das Wasserstoffatom gültige Bohr'sche Postulat (siehe (7) und (9)) begründen, geht aber weit darüber hinaus, da sie die Spektren aller Atome erklären kann (Kap. 3.4).

3 ANWENDUNGEN

3.1 Beispiele für Wellenfunktionen

Mikroskopische Objekte wie Elektronen oder Protonen werden in der Quantentheorie durch Wellenfunktionen Ψ beschrieben. Ihre Dynamik gehorcht der Schrödinger-Gleichung. Ein Großteil der Anwendungen der Quantentheorie beschäftigt sich mit den Lösungen dieser Gleichung.

Wie verhalten sich Wellenfunktionen, die sich aus der Lösung der Schrödinger-Gleichung ergeben? Der einfachste Fall ist der eines

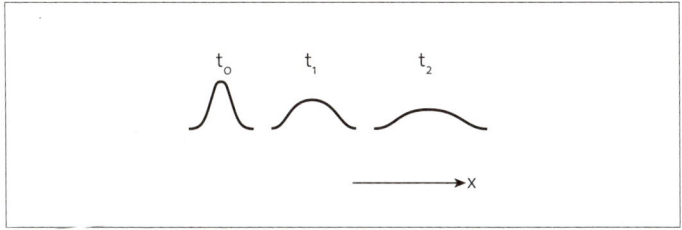

Abbildung 11: Zerfließendes Wellenpaket

freien Teilchens, zum Beispiel eines Elektrons, das sich ohne äußere Kräfte bewegt. Nach der klassischen Physik bewegt sich ein solches Objekt auf einer Geraden. Wie sieht die Bewegung in der Quantentheorie aus? Die Schrödinger-Gleichung erfordert die Vorgabe einer Wellenfunktion zu einer bestimmten Zeit. Damit ist die Lösung dann zu allen anderen Zeiten festgelegt. Eine Wellenfunktion, die einer festen de Broglie-Wellenlänge λ entspricht, ist im ganzen Raum ausgebreitet und kann daher nicht einem lokalisierten Teilchen entsprechen. Ein solches lässt sich aber konstruieren, indem man viele ausgedehnte Wellen mit unterschiedlicher Wellenlänge überlagert (Superpositionsprinzip!). Das lässt sich so einrichten, dass an den meisten Orten destruktive Interferenz herrscht und eine Wellenfunktion übrigbleibt, die um einen Punkt im Raum herum mit einer gewissen Breite konzentriert ist – man spricht dann von einem Wellenpaket.

Es ist nun eine Eigenschaft der Schrödinger-Gleichung, dass das Wellenpaket eines freien Teilchens im Laufe der Zeit immer breiter wird – es fließt auseinander (siehe Abb. 11). Diese so genannte Dispersion rührt daher, dass die einzelnen Beiträge im Wellenpaket aus unterschiedlichen Impulsen bestehen, welche das Paket auseinander treiben. Dadurch wird das Teilchen immer weniger lokalisiert, und die Wahrscheinlichkeit, es bei einer Messung zu registrieren, erstreckt sich über immer größere räumliche Bereiche. Der Mittelwert des Pakets (sein Maximum) bewegt sich allerdings mit der klassisch-en Geschwindigkeit auf einer Geraden. Dieser Sachverhalt, der die Be-wegung des klassischen Teilchens widerspiegelt, ist ein Spezialfall der nach dem Physiker Paul Ehrenfest benannten Ehrenfest-Theoreme. Wie schnell erfolgt die Dispersion? Bezeichnet d die Anfangsbreite des Wellenpakets, so wird das Auseinanderlaufen nach einer Zeit

$$t \approx \frac{md^2}{\hbar} \qquad (17)$$

spürbar, wobei m die Masse des Teilchens bezeichnet. Wählt man d von der Größe eines Atoms (siehe Kap. 3.3), so ergibt sich für die Masse eines Menschen eine Zeit von nahezu dem Alter des Universums, für die Masse eines sehr kleinen Staubkorns aber bereits eine Zeit von einigen Tagen. Ein Elektron schließlich zerfließt bereits nach 10^{-15} Se-kunden. Diese Zeit ist allerdings mit der Zeit zu vergleichen, die ein Teilchen braucht, um eine von der Situation abhängende relevante Strecke zu durchlaufen. Ist letztere viel kleiner als die Dispersions-zeit, kann sich auch ein atomares Objekt »klassisch« verhalten.

In Kap. 2.3 wurde bereits der harmonische Oszillator erwähnt, der beispielsweise ein hin- und herschwingendes Teilchen mit kleiner Amplitude beschreibt. Die Schrödinger-Gleichung legt hierfür die möglichen Energiewerte und die dazu gehörigen Wellenfunktionen, die so genannten *Eigenfunktionen*, fest. Wie durch das klassische Bei-spiel der schwingenden Saite (siehe Abb. 10) nahe gelegt wird, sind nur diskrete Energiewerte E_n ($n = 1, 2, 3, \ldots$) möglich – das Spektrum ist »quantisiert«. Die Werte lauten

$$E_n = \left(n + \frac{1}{2} \right) \hbar\omega . \qquad (18)$$

Insbesondere erhält man für $n = 0$ die kleinstmögliche Energie, wel-che der so genannten Nullpunktsschwingung entspricht. Diese ha-ben wir bereits in Kap. 2.3 aus der Unbestimmtheitsrelation abgelei-tet, siehe (13). Auch die Beziehung (14) für die Ortsunschärfe lässt sich aus der exakten Theorie wiederfinden.

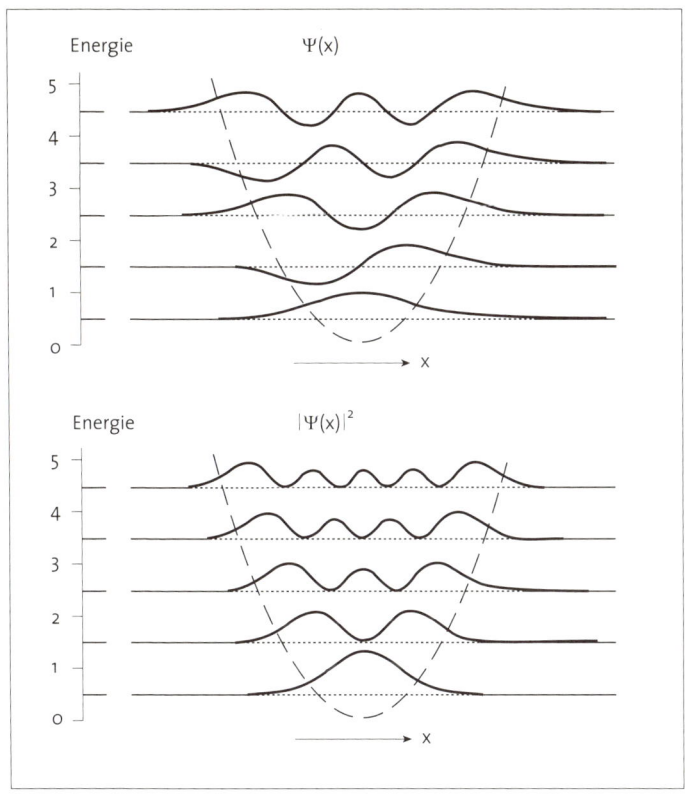

Abbildung 12: Wellenfunktionen (Eigenfunktionen) des harmonischen Oszillators und deren Quadrate

In Abb. 12 sind die potentielle Energie des harmonischen Oszillators, die Eigenfunktionen $\psi(x)$ zu den niedrigsten Energiewerten sowie deren Quadrate dargestellt. Die Quadrate geben nach Kap. 2.2 die Wahrscheinlichkeit dafür an, das Teilchen an dem entsprechenden Ort zu finden. Im Unterschied zum freien Teilchen ist das Oszillatorteilchen durch die potentielle Energie räumlich eingeschränkt – man

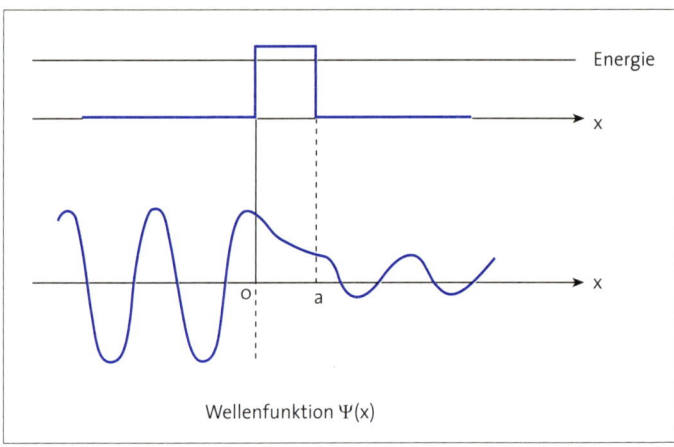

Abbildung 13: Potentialstufe mit tunnelnder Wellenfunktion

spricht von gebundenen Zuständen. Aus diesem Grund kann man hierfür Wellenpakete konstruieren, deren Mittelpunkte der klassischen Schwingung folgen und die *nicht* auseinander laufen. Diese so genannten kohärenten Zustände spielen eine wichtige Rolle in der Quantentheorie, insbesondere in der Theorie des Lasers (**Quantensysteme im elektromagnetischen Feld**).

S.81

Ein weiteres wichtiges Beispiel ist der Fall einer Potentialschwelle, vgl. Abb. 13. Hierunter versteht man einen rechteckförmigen räumlichen Bereich (in Abb. 13 zwischen $x = 0$ und $x = a$ verlaufend), in dem die potentielle Energie einen positiven Wert annimmt, eben einer Schwelle entsprechend. Für ein klassisches Teilchen, das mit einer Energie E etwa von links gegen die Schwelle läuft, gibt es zwei Möglichkeiten: Ist E kleiner als die Höhe der Schwelle, so wird das Teilchen reflektiert; ist hingegen E größer als diese Höhe, so läuft es ungehindert über die Schwelle hinweg. In der Quantentheorie sieht die Situation wegen des Wellencharakters des Teilchens im ersten Fall anders aus: Die Welle kann in das Innere der Schwelle laufen und am anderen Ende wieder zum Vorschein kommen. Dieser Fall ist in Abb. 13 dargestellt. Das bedeutet, dass es im Unterschied zum klassischen Bild eine gewisse Wahrscheinlichkeit dafür gibt, dass das Teilchen durch die Schwelle »tunnelt«, weshalb man auch vom Tunneleffekt spricht.

Der Tunneleffekt liegt vielen Phänomenen zugrunde. So können etwa Elektronen kleiner Energie aus Metallen emittiert werden, wenn aufgrund eines äußeren elektrischen Feldes die Potentialschwelle so weit heruntergesetzt wird, dass die Elektronen nach außen tunneln können (»Feldemission«). Bei der Rastertunnelmikroskopie wird der Tunnelstrom zwischen einer Metallspitze und einer von dieser nicht berührten Oberfläche dazu benutzt, kleine Strukturen der Oberfläche (wenige Atome) abzubilden. In einem SQUID können die zu so genannten Cooper-Paaren vereinigten Elektronen durch den Josephson-Kontakt (siehe Abb. 6) tunneln, was für die Entstehung der Superposition von rechts- und linkslaufenden Strömen entscheidend ist.

Ein besonders wichtiges Beispiel ist der Alphazerfall, der 1928 von George Gamow durch den Tunneleffekt erklärt werden konnte. Alphateilchen sind Heliumkerne, die von radioaktiven Kernen ausgesandt werden. Klassisch müsste man dem Teilchen Energie zuführen, damit es die Potentialschranke (s. Abb. 14) durchdringen kann, die um den Kern besteht. Gemäß der Quantentheorie gibt es hingegen eine bestimmte Wahrscheinlichkeit dafür, dass das Alphateilchen nach außen tunnelt. Die Theorie gestattet es, die so genannte Halbwertszeit zu berechnen, das ist die Zeit, nach der die Hälfte einer genügend großen Menge von radioaktiven Kernen ein Alphateilchen emittiert hat. Entsprechendes gilt auch für den zeitumgekehrten Prozess – die Verschmelzung von Kernen (Kernfusion), zu welcher der Tunneleffekt benötigt wird. Die Energiequelle der Sonne ist die Verschmelzung von Wasserstoffkernen zu Heliumkernen. Somit beruht letzten Endes die menschliche Existenz auf dem Tunneleffekt.

Klappt man die Potentialschwelle von Abb. 13 nach unten, so erhält man einen Potentialtopf. In der Kern- und der Elementarteilchen-

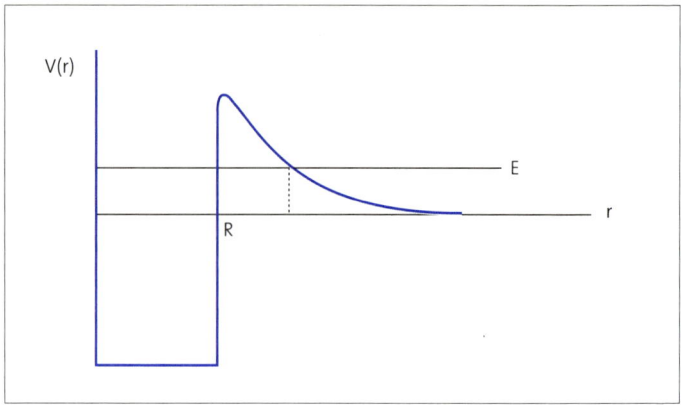

Abbildung 14: Modell für das Potential eines Alphateilchens in einem radioaktiven Kern. Wegen des Tunneleffekts kann das Teilchen bei der Energie E nach außen gelangen.

physik modelliert man dadurch oft kurzreichweitige Kräfte und Teilchen endlicher Lebensdauer (z.B. einen gebundenen Zustand aus einem Quark und einem Antiquark). Der entscheidende Effekt, der bei einem Potentialtopf auftreten kann, ist nämlich die Resonanz (oder metastabiler Zustand). Wenn der Impuls des einlaufenden Teilchens so beschaffen ist, dass die zugehörige halbe de Broglie-Wellenlänge ein ganzzahliges Vielfaches der Topflänge ist, so tritt zwischen den am linken und am rechten Rand reflektierten Wellen eine destruktive Interferenz auf. Als Folge hiervon findet in diesem Fall keine Reflexion nach links außen mehr statt, und die ganze Intensität läuft durch den Topf nach rechts. Die Verweilzeit im Topf nimmt dabei zu, und die Wellenfunktionen in diesem Bereich ähneln denen der gebundenen Zustände.

Da aber die Wahrscheinlichkeit, das Teilchen rechts vom Topf zu finden, allmählich zunimmt, spricht man von einem metastabilen (»zerfallenden«) Zustand. Die Lebensdauer eines solchen Zustands kann dabei aus der Energie-Zeit-Unbestimmtheitsrelation (15) abge-schätzt werden: Sie ist von der Größenordnung $\Delta t \approx \hbar/\Delta E$, wobei ΔE die Energieunschärfe des metastabilen Zustands ist. Diese Unschärfe äußert sich als endliche Breite einer Spektrallinie (Breite der Reso-nanz). Für einen stationären Zustand mit fester Energie ist diese Zeit tatsächlich unendlich groß; der Zustand ist stabil.

3.2 Symmetrien

Symmetrien spielen eine grundlegende Rolle bei der Formulierung von Naturgesetzen. Sie geben die Eigenschaften an, die unabhängig von den Details der Dynamik sind und legen deshalb die Form, die Naturgesetze haben können, schon zum Teil fest. So leitet man bei-spielsweise die Transformationseigenschaften des elektromagneti-schen Feldes nicht mehr aus den Grundgleichungen (den Maxwell-Gleichungen) ab, sondern aus dem Einstein'schen Relativitätsprinzip. Dieses besagt, dass die Naturgesetze die gleiche Form behalten müs-sen, wenn man von einem gegebenen Bezugssystem in ein anderes übergeht, das sich relativ dazu mit konstanter Geschwindigkeit be-wegt oder das relativ dazu verdreht oder verschoben ist. Physikalisch relevante Grundgesetze müssen dann diesem Prinzip genügen. Für die Maxwell-Gleichungen der Elektrodynamik beispielsweise ist das der Fall, auch wenn die Formulierung dieser Gleichungen dem Rela-tivitätsprinzip historisch voranging.

Die Bedeutung der Symmetrien für die Physik liegt vor allem an der Tatsache, dass mit jeder Symmetrie ein Erhaltungssatz verknüpft ist. Dieser fundamentale Sachverhalt wurde 1918 von Emmy Noether bewiesen. So folgt aus der Invarianz der Naturgesetze unter Zeit-translationen (Verschiebungen des Zeitnullpunktes) die Erhaltung der Energie. Aus der Invarianz unter Translationen im Raum folgt die Erhaltung des Impulses, aus der Invarianz unter Drehungen die Er-haltung des Drehimpulses.

Die moderne Sichtweise der Priorität der Symmetrie vor der Dynamik geht vor allem auf Eugene Wigner zurück, der dies im Rahmen der Quantentheorie formuliert hat. Seine Forderung, dass die mit der Wellenfunktion verknüpften Wahrscheinlichkeiten sich unter einer Symmetrieforderung nicht ändern dürfen, legt einen großen Teil der mathematischen Struktur bereits fest. Tatsächlich folgen in der Quantentheorie weitaus stärkere Konsequenzen als in der klassischen Physik. In der klassischen Mechanik etwa erlauben es die Symmetrien der Bewegungsgleichungen, aus einer gegebenen Lösung eine neue Lösung abzuleiten; so kann man etwa eine Planetenbahn um die Sonne einer Drehung unterziehen und erhält dadurch eine ebenfalls mögliche Planetenbahn (Abb. 15a). Das ist auch in der Quantentheorie möglich: Wendet man eine Drehung auf eine Wellenfunktion Ψ an, so ist der gedrehte Zustand wieder ein erlaubter Zustand. Darüber hinaus kann man aber auch den gedrehten Zustand mit dem ursprünglichen Zustand überlagern. Das ist eine Folge des Superpositionsprinzips und besitzt kein Analogon in der klassischen Theorie. In der Tat kann man *alle* Zustände überlagern, die sich aus Ψ durch eine Drehung ergeben, und erhält dadurch einen Zustand, der selbst drehinvariant ist (Abb. 15b). Solche Zustände werden uns beispielsweise im Wasserstoffatom (Kap. 3.3) begegnen. Entsprechende Superpositionen kann man auch für andere Symmetrien bilden. So sind etwa außer den Drehungen noch Verschiebungen, räumliche Spiegelungen und Bewegungsumkehr (formal einer Zeitspiegelung entsprechend) von Bedeutung.

Drehungen kommt in der Quantentheorie eine besondere Rolle zu. Wie bereits erwähnt, folgt aus der Invarianz eines physikalischen Systems unter Drehungen (der Tatsache, dass keine Richtung ausgezeichnet ist) die Erhaltung des Drehimpulses. Mathematisch gesprochen, erzeugt der Drehimpuls Drehungen. In der Quantentheorie erfüllen die einzelnen Komponenten des Drehimpulses (die Komponenten bezüglich der drei Raumrichtungen) eine Unbestimmtheitsrelation analog zu (10). Das bedeutet aber, dass die verschiedenen Komponenten nicht gleichzeitig beobachtbar sind. Es stellt sich aber heraus, dass der Betrag (die Gesamtgröße, bezeichnet mit L) des Drehimpulses und eine der Komponenten (per Konvention betrachtet man üblicherweise die Komponente in z-Richtung) gleichzeitig beobachtbar sind. Hieraus lässt sich rein mathematisch eine erstaunliche Tatsache ableiten – die »Quantelung« des Drehimpulses. Man stellt nämlich fest, dass der Betrag des Drehimpulses von der folgenden Form sein muss:

$$L = \hbar \sqrt{l\,(l+1)} \ , \qquad (19)$$

wobei die Zahl l entweder die Werte $0, 1, 2, 3,...$ (ganzzahlige Werte) oder die Werte $\frac{1}{2}, \frac{3}{2}, \frac{5}{2}, ...$ (halbzahlige Werte) annehmen kann. Andere Werte sind nicht möglich. Die z-Komponente des Drehimpulses (gemessen in Einheiten von $\hbar$), auch als »magnetische Quantenzahl« m bezeichnet, kann die Werte $m = -l, -l+1, ..., l-1, l$ annehmen, was insgesamt $2l+1$ Möglichkeiten ergibt. Der Ausdruck »magnetisch« rührt daher, dass in der Praxis die z-Komponente oft durch die Richtung eines vorgegebenen Magnetfeldes definiert ist, vgl. **Quantensysteme im elektromagnetischen Feld**. **S.81** Die halbzahligen Werte beschreiben einen neuartigen intrinsischen Drehimpuls, den Spin. Für den speziellen und besonders wichtigen Fall $l = \frac{1}{2}$ haben wir den Spin bereits in Kap. 2.4 beschrieben. Die $2l+1 = 2$ Möglichkeiten für m entsprechen in dem dort diskutierten Stern-Gerlach-Experiment gerade der Aufspaltung in zwei Teilstrahlen. Es ist eine erstaunliche Tatsache, dass es in der Natur Teilchen gibt (die Fermionen wie Elektronen, Protonen etc.), für die dieser rein mathematische Sachverhalt des inneren halbzahligen Drehimpulses realisiert ist. Die ganzzahligen Werte für l beschreiben den inneren Drehimpuls (Spin) der Bosonen sowie den auch aus der klassischen Physik bekannten Bahndrehimpuls.

Die »nichtklassische« Natur der halbzahligen Spins findet ihren Ausdruck insbesondere darin, dass die zugehörige Wellenfunktion

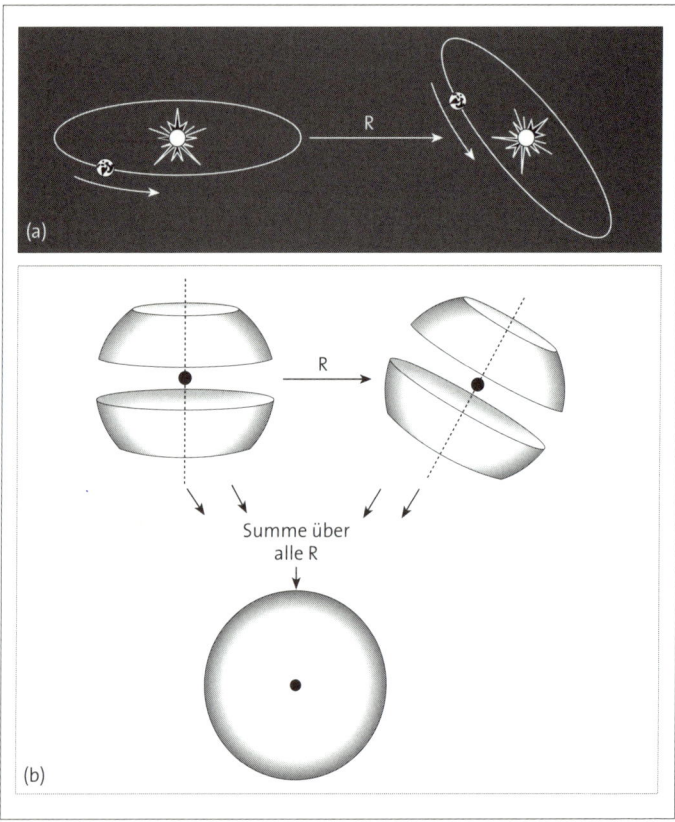

Abbildung 15: Superposition von räumlich gedrehten Zuständen

Ψ_s unter einer Drehung um 360° ihr Vorzeichen ändert: Ψ_s geht über in $-\Psi_s$. Daraus folgt auch, dass die Wellenfunktion ihr Vorzeichen ändert, wenn zwei Fermionen A und B vertauscht werden: Da sich dabei A um B um einen Winkel von 180° bewegt sowie B um A um einen Winkel von 180°, ergibt sich insgesamt eine Drehung des einen Teilchens relativ zum anderen um 360°. Aus dieser Eigenschaft der

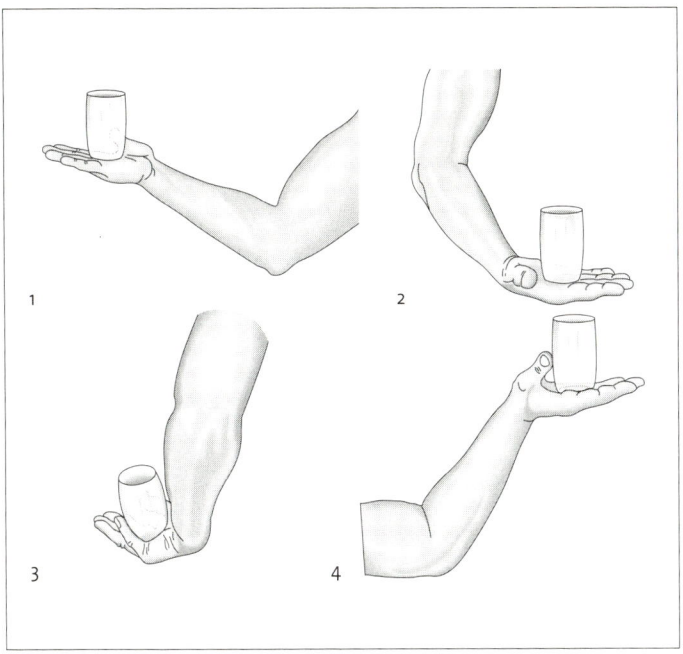

Abbildung 16: Erst nach zweimaliger Drehung um 360 Grad stellt sich der ursprüngliche Zustand wieder her.

fermionischen Wellenfunktion ergibt sich unmittelbar das in Kap. 2.4 erwähnte Pauli-Verbot: Zwei Fermionen können sich nicht im gleichen Quantenzustand befinden. Täten sie das nämlich, so würde ein Austausch dieser Teilchen nichts ändern; da die Wellenfunktion aber ein Minuszeichen bekäme, müsste sie gleich null sein.

Es gibt einen weiteren wichtigen Unterschied zwischen klassischen und quantenmechanischen Teilchen. In der Quantentheorie sind Teilchen mit den gleichen inneren Eigenschaften nicht unterscheidbar, können quasi nicht durchnummeriert werden. Das hat damit zu tun, dass diese Teilchen durch Wellenpakete beschrieben werden, die sich überlappen können, weshalb die Identität eines bestimmten Teilchens nicht gewährleistet ist. Aus diesem Grund muss die gesamte Wellenfunktion eines Systems aus Bosonen so gewählt werden, dass sie unter Austausch zweier Teilchen invariant bleibt, während sie bei einem System aus Fermionen wegen des Pauli-Prinzips lediglich ihr Vorzeichen ändert.

Unsere Anschauung sträubt sich natürlich gegen den Gedanken, dass eine Drehung um 360° eine Änderung hervorrufen soll. Eine ungefähre Vorstellung liefert das in Abb. 16 dargestellte Beispiel: Dreht man wie dort dargestellt den Becher um 360°, so bleibt die Hand, die ihn hält, verdreht. Erst nach einer weiteren Drehung um 360° ist der ursprüngliche Zustand wieder hergestellt. Man erkennt an diesem Beispiel auch, dass es letztendlich um eine *relative* Drehung um 360° geht, immer relativ zu einer äußeren Umgebung. Eine Drehung um 360°, welche die Umgebung einschließt (im Extremfall also die ganze Welt), verursacht natürlich keine Änderung. Dass eine fermionische Wellenfunktion unter einer Drehung um 360° ihr Vorzeichen ändert, konnte auch direkt gemessen werden: In Experimenten an der Universität Wien wurde ein Neutronenstrahl in zwei Teilstrahlen aufgespalten, wovon der eine Teilstrahl durch ein Magnetfeld um 360° gegenüber dem anderen verdreht wurde. Die Vorzeichenänderung konnte dann nach der Vereinigung der Teilstrahlen in dem entstehenden Interferenzmuster festgestellt werden.

Die Bedeutung von Symmetrien bleibt natürlich auch bestehen, wenn die Spezielle Relativitätstheorie ins Spiel kommt. Die entsprechenden Transformationen wurden eingangs bereits erwähnt. Mathematisch spricht man dann von der so genannten Poincaré-Gruppe. Sie *definiert* erst, was ein Elementarteilchen ist (**Quanten-**

S.100 **feldtheorie**). Wie in Kap. 2.4 angedeutet, lässt sich der hier diskutierte Zusammenhang zwischen dem Spin eines Teilchens und der zugehörigen Statistik (ob es sich um ein Fermion oder ein Boson handelt) streng erst in diesem relativistischen Rahmen beweisen.

3.3 Das Wasserstoffatom

Das einfachste quantenmechanische System nach dem freien Teilchen und dem harmonischen Oszillator ist das Wasserstoffatom (abgekürzt: H-Atom). Im klassischen Bild kreist dort ein negativ geladenes Elektron um ein positiv geladenes Proton, das den Kern bildet. Das Atom wird also (wie alle Atome) durch die elektrostatische Anziehung (die Coulomb-Energie) zusammengehalten. In der Quantenmechanik berechnet man aus der Schrödinger-Gleichung die möglichen Wellenfunktionen für das Elektron, d.h. wie beim harmonischen Oszillator die Eigenfunktionen zu gegebenen Energiewerten.

In Kap. 2.3 haben wir aus der Unbestimmtheitsrelation die Nullpunktsenergie für den harmonischen Oszillator abgeleitet. Das lässt sich auch für das H-Atom erreichen. In Abb. 16 ist die Summe aus der positiven kinetischen Energie und der negativen potentiellen Energie (Coulomb-Energie) gegen den Abstand r vom Kern aufgetragen. In der kinetischen Energie wurde die Unbestimmtheitsrelation heuristisch dadurch berücksichtigt, dass der Impuls durch $\hbar/r$ ersetzt worden ist. Man erkennt, dass die Gesamtenergie bei einem gewissen Abstand einen Minimalwert annimmt. Diesen Abstand bezeichnet man als Bohr'schen Radius a_B. Er ist durch

$$a_R = \frac{\hbar^2}{m_e e^2} \approx 0.5 \times 10^{-8} cm = 0.05 \, nm \qquad (20)$$

gegeben, wobei m_e wieder die Elektronmasse und e die Ladung des Elektrons (Elementarladung) bezeichnen; ein Nanometer (nm) sind 10^{-9} m (die »Nanotechnologie« arbeitet mit Strukturen von dieser Größenordnung). Die zugehörige Minimalenergie ergibt sich zu

$$E_{min} = - \frac{e^2}{2a_B} \, . \qquad (21)$$

Es ist äußerst zweckmäßig, die Stärke der elektromagnetischen Wechselwirkung durch eine dimensionslose Größe (also eine reine Zahl) zu beschreiben. Zu diesem Zweck hat man die so genannte

»Feinstrukturkonstante« eingeführt

$$\alpha = \frac{e^2}{\hbar c} \approx \frac{1}{137} \ , \qquad (22)$$

worin c wieder die Lichtgeschwindigkeit bedeutet. Damit lässt sich der Bohr'sche Radius wie folgt mit der in (4) eingeführten Compton-Wellenlänge λ_c verknüpfen:

$$a_B = \frac{\lambda_c}{\alpha} \ . \qquad (23)$$

In der Atomphysik erweist es sich wegen der Kleinheit der relevanten Energien als nützlich, diese durch die Einheit Elektronenvolt (eV) auszudrücken; ein Elektronenvolt ist die Energie, die eine Elementarladung beim Durchlaufen einer Spannung von einem Volt gewinnt. Die aus dem Alltag bekannte Energieeinheit Joule entspricht dann etwa $6{,}2 \times 10^{18}$ eV. Dadurch ausgedrückt beträgt die Minimalenergie (21) etwa $-13{,}6$ eV.

Dieses Ergebnis wird durch die exakte Behandlung der Schrödinger-Gleichung bestätigt. Wie beim harmonischen Oszillator ergibt sich ein Spektrum von diskreten Energiewerten E_n, gegeben hier durch die negativen Werte

$$E_n = \frac{E_{min}}{n^2} = -\frac{Ry}{n^2} \ , \quad n = 1, 2, 3, \dots \ , \qquad (24)$$

wobei Ry die bereits in (6) auftauchende Rydberg-Konstante ist. Die durch diese Konstante gegebene Energie wird benötigt, um das Elektron vom Kern zu lösen, d. h. um das H-Atom zu ionisieren. Zusätzlich zu den diskreten negativen Energiewerten (24) gibt es deshalb kontinuierliche Werte mit positiver Energie, für die das Elektron nicht mehr an den Kern gebunden ist. Das beobachtete Spektrum des H-Atoms entsteht durch Übergänge zwischen den diskreten Energieniveaus (24), wobei beim Übergang von einem höheren auf ein tieferes Niveau ein Photon mit der Frequenz υ (entsprechend einer Wellenlänge $\lambda = c/\upsilon$) abgestrahlt wird. Diese Frequenz ist gerade durch die Formel (6) gegeben, die man schon vor Kenntnis der Quantentheorie

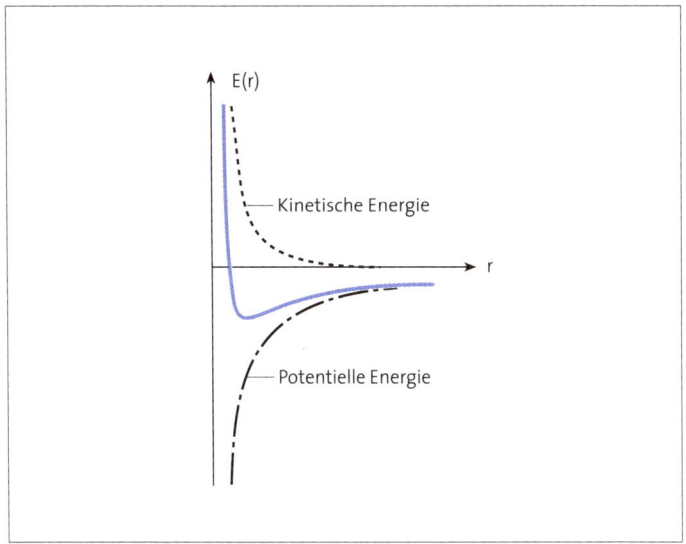

empirisch aufgestellt hatte. Insofern liefert die Quantentheorie tatsächlich eine Begründung dieser Formel. Beispielsweise wird beim Übergang vom Niveau $n=3$ nach $n=2$ Licht mit der Wellenlänge $\lambda = 656{,}3$ nm oder 6563 Å (Ångström) abgestrahlt (was viel größer als a_B ist). Das liefert die berühmte H_α-Linie im Spektrum des Wasserstoffatoms (vgl. Abb. 2). Diese Wellenlänge liegt im sichtbaren Bereich und weist eine rote Farbe auf. Sie ist beispielsweise für das typische rote Leuchten von interstellaren Gasnebeln verantwortlich, die aus ionisiertem Wasserstoff bestehen, und die von Sternen zu diesem Leuchten angeregt werden. Einige andere Übergänge sind in dem Termschema (Abb. 18) dargestellt.

Umgekehrt können durch Absorption von Photonen Übergänge von einem niedrigeren zu einem höheren Niveau angeregt werden. Dadurch fehlt der entsprechende Energiewert, was sich durch eine dunkle Linie (Absorptionslinie) innerhalb eines kontinuierlichen Spektrums äußern kann. Für den Übergang von $n = 2$ nach $n = 3$ erhält man dann eine Absorptionslinie bei der Wellenlänge $\lambda = 656{,}3$ nm. Sie wurde von Anders Jonas Ångström im 19. Jahrhundert im Sonnenspektrum entdeckt.

Die Energieniveaus (24) hängen nur von der Niveauzahl n ab; man bezeichnet n auch als Hauptquantenzahl. Das ist von vornherein nicht selbstverständlich, da man auch eine Abhängigkeit vom Drehimpuls erwarten würde. In der Tat hängen die zu den E_n gehörigen Wellenfunktionen (Eigenfunktionen) noch vom Drehimpuls ab. Es stellt sich heraus, dass die Drehimpulsquantenzahl l (siehe Kap. 3.2) die Werte $l = 0, 1, 2, ..., n-1$ annehmen kann. Dazu kommt noch die magnetische Quantenzahl m, die in Einerschritten von $-l$ nach l läuft. Insgesamt ergibt sich damit für ein festes n die Zahl von n^2 verschiedenen Zuständen. Da all diese Zustände die gleiche Energie E_n aufweisen, spricht man auch von n^2-facher »Entartung«. Es hat sich eingebürgert, Zustände mit $l = 0$ als s-Zustände, mit $l = 1$ als p-Zustände und mit $l = 2$ als d-Zustände zu bezeichnen (und weiteren Bezeichnungen für höhere l).

Man kennzeichnet die Wellenfunktionen deshalb durch das Symbol Ψ_{nlm}. Sie hängen von dem radialen Abstand r sowie zwei Winkeln ab. In Abb. 19 ist die Wahrscheinlichkeit, das Elektron im Abstand r zu finden, für einige Beispiele skizziert. Gemäß dem allgemeinen Formalismus ergibt sich diese Wahrscheinlichkeit aus dem Quadrat der Wellenfunktion. Man erkennt, dass sich das Elektron nur in Kernnähe aufhalten kann, die Wahrscheinlichkeit für große Abstände schnell gegen null geht. Das ist natürlich eine Folge der elektrostatischen Anziehung. Die Zahl $n-l$ gibt direkt die Zahl der Nulldurchgänge der Wellenfunktion an.

Die Abhängigkeit der Wahrscheinlichkeitsverteilung von den Winkeln ist in Abb. 20 illustriert. Für den Fall $n = 2$ und verschiedene

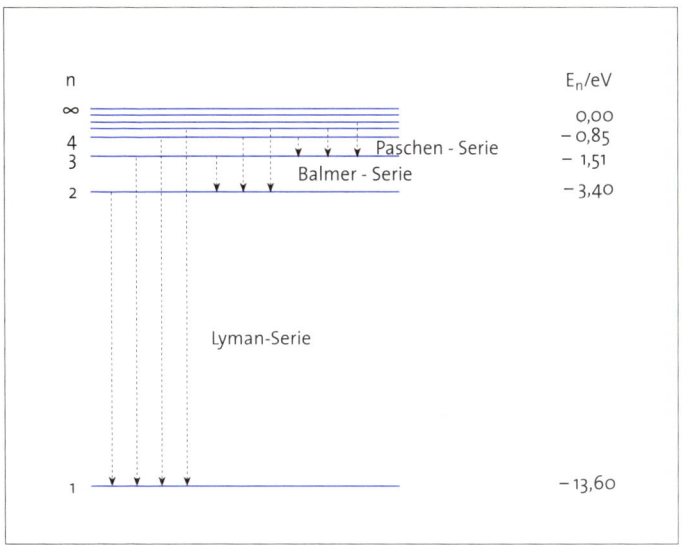

Abbildung 18: Übergänge für Wasserstoff, die auf n=1 enden (Lyman-Serie), auf n=2 (Balmer-Serie) und auf n=3 (Paschen-Serie).

Werte von l und m sind dort Flächen konstanter Wahrscheinlichkeit skizziert. Man erkennt, dass es keine Spur einer Elektronenbahn mehr gibt, im Unterschied zur klassischen Mechanik oder zum Bohr'schen Modell. Es gibt nur noch Wahrscheinlichkeitsverteilungen. Für $l=0$, also verschwindenden Drehimpuls (oberes Bild) ist die Wahrscheinlichkeitsverteilung kugelsymmetrisch. Das entspricht der in Kap. 3.2 erwähnten Überlagerung aller Raumrichtungen.

Im Fall des harmonischen Oszillators ist es möglich, enge Wellenpakete zu konstruieren (die »kohärenten Zustände«), die der klassischen Bahn ohne Dispersion folgen. Das ist beispielsweise für das Verständnis des Lasers (**Quantensysteme im elektromagnetischen Feld**) von Bedeutung. Ist dies auch für das H-Atom möglich? Gibt es also enge Wellenpakete, die der klassischen Keplerellipse folgen? Die

S.81

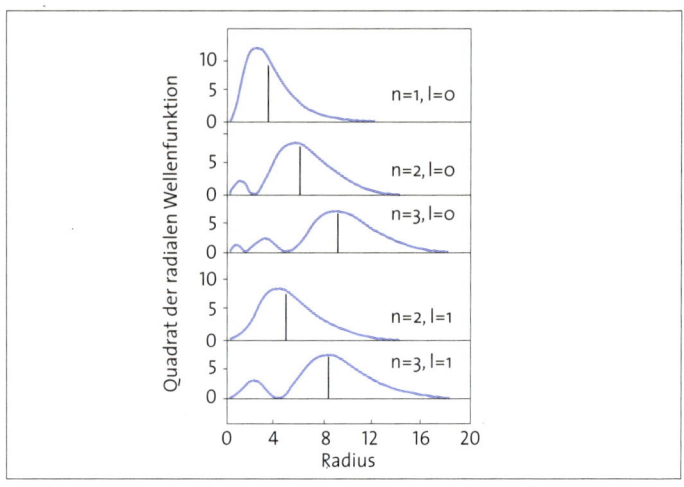

Abbildung 19: Quadrat der Wellenfunktion für das Elektron im Wasserstoffatom für einige Beispiele (radialer Teil). Der Radius ist in Einheiten des halben Bohr'schen Radius aufgetragen.

Antwort lautet nein – ein anfangs enges Paket zerfließt entlang der gesamten klassischen Bahn. Eine Ausnahme bilden nur die Wellenfunktionen für sehr hohe n, die so genannten Rydberg-Atome; dort ist es zumindest für eine gewisse Zeit möglich, dass enge Wellenpakete den Keplerellipsen ohne Dispersion folgen.

Das oben diskutierte Energiespektrum folgt aus der elektrostatischen Anziehung zwischen Elektron und Proton. Tatsächlich gibt es noch weitere Wechselwirkungen und Korrekturen, die das Spektrum etwas abändern. Dazu gehören zunächst Effekte der Speziellen Relativitätstheorie, welche die so genannte Feinstruktur liefern. Diese Effekte sind etwa um einen Faktor $\alpha^2 \approx 10^{-4}$ kleiner als die Energiewerte der ursprünglichen Energieniveaus; hieraus erklärt sich die Be-

Abbildung 20: Wahrscheinlichkeitsverteilung für das Elektron im Wasserstoffatom für einige Beispiele (Winkelteil)

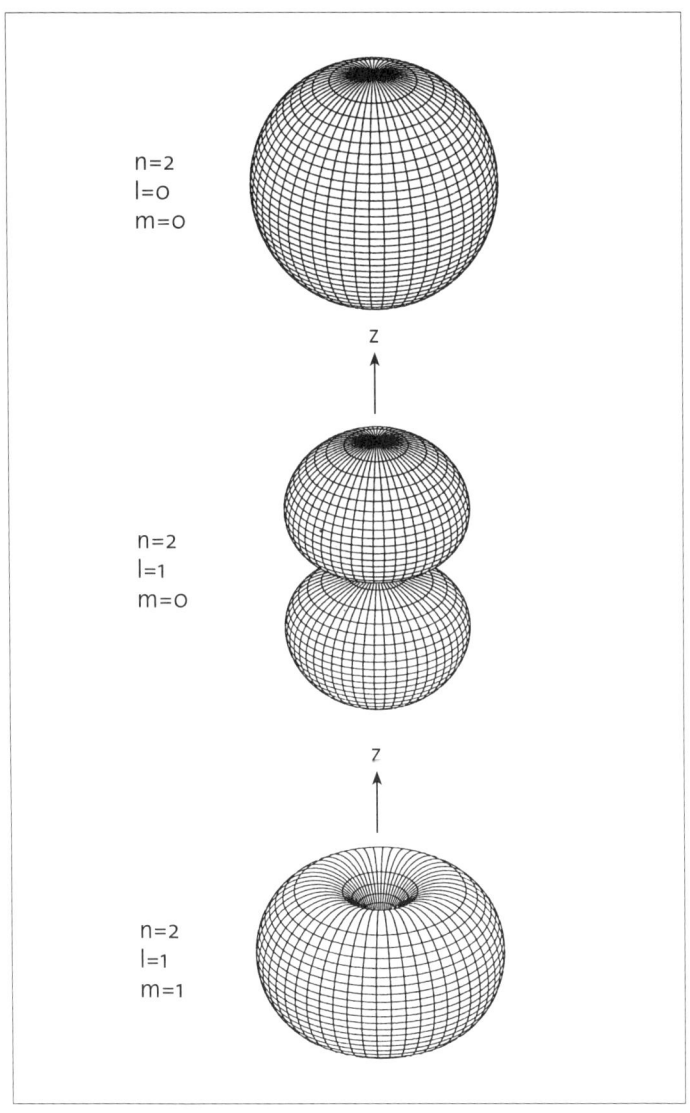

n=2
l=0
m=0

z

n=2
l=1
m=0

z

n=2
l=1
m=1

zeichnung Feinstrukturkonstante für α. Ein weiterer Effekt resultiert aus der Wechselwirkung zwischen dem Elektron und dem Spin des Protons. Das ergibt die so genannte Hyperfeinstruktur, welche noch einmal etwa um den Faktor 2000 kleiner als die Feinstruktur ist. Diese Zahl folgt daraus, dass der Kern ungefähr 2000-mal schwerer als das Elektron ist. Beim H-Atom ergibt sich eine Aufspaltung in zwei Linien (Dubletts). Die Hyperfeinstruktur ist von großer Bedeutung für die Astronomie: So liefert der Übergang zwischen zwei Hyperfeinstrukturniveaus die berühmte Spektrallinie bei einer Wellenlänge von 21 cm, aus der sich Information über Wasserstoffwolken im Universum ergibt.

S. 100
Schließlich sei noch ein subtiler Effekt der **Quantenfeldtheorie** erwähnt, der eine weitere Verschiebung der Energieniveaus, die so genannte Lamb-Verschiebung, liefert. Sie resultiert aus der Wechselwirkung des Elektrons mit dem Vakuum. Alle diese Effekte heben die Entartung der Energiezustände auf, da sie zwischen den einzelnen Quantenzahlen unterscheiden. Sie können mit der Schrödinger-Gleichung oder den entsprechenden relativistischen Verallgemeinerungen berechnet werden. Die Ergebnisse stehen in vollem Einklang mit dem Experiment.

3.4 Atome mit mehreren Elektronen

Das Wasserstoffatom besteht aus dem Kern und einem Elektron. Der Kern besteht aus einem Proton, wozu noch die ungeladenen Neutronen kommen können. Kerne, die sich nur in der Neutronenzahl unterscheiden, bezeichnet man als Isotope. Ein H-Atom mit einem Neutron heißt Deuterium, eines mit zwei Neutronen Tritium. Im Folgenden soll die quantenmechanische Beschreibung auf kompliziertere Atome, Atome mit mehreren Elektronen, ausgedehnt werden.

Betrachtet man zunächst als Vorstufe einen Kern mit Ladung Ze (also einen Kern mit Z Protonen) und einem Elektron, so ergeben sich statt (24) die Energiewerte

$$E_n = -z^2 \frac{Ry}{n^2} \ . \tag{25}$$

Das nach dem H-Atom einfachste Atom ist das Heliumatom (abgekürzt: He-Atom). Sein Kern besteht aus zwei Protonen ($Z=2$), zu dem
sich noch Neutronen gesellen können. Die Hülle besteht aus zwei
Elektronen, so dass sich insgesamt Ladungsneutralität ergibt. In einer ersten Näherung kann man versuchen, eine Abschätzung für das
Energiespektrum zu erhalten, indem man die elektrostatische Abstoßung der Elektronen vernachlässigt. Besitzen beide Elektronen
die Hauptquantenzahl $n=1$, so hat gemäß (25) jedes der beiden
Elektronen die Energie $E_1=-4Ry$, was zusammen $-8Ry$ ergibt. Die
Ionisierungsenergie, also die Energie, die aufgebracht werden muss,
um eines der beiden Elektronen auf die Energie null zu bringen und
dadurch vom Atom zu lösen, beträgt damit $E_{ion}=4Ry$; in der in Kapi-
tel 3.3 eingeführten Einheit von Elektronenvolt sind das ungefähr
$E_{ion}=54,4\ eV$.

Besitzen beide Elektronen die Hauptquantenzahl $n=2$, so ergibt
sich als gesamte Energie zweimal $E_2=-Ry$, also $-2Ry$. Da dies eine
höhere Energie ist, als sie der einfach ionisierte Zustand mit seinen
$-4Ry$ besitzt, ist dieser Zustand nicht mehr gebunden. Das trifft
auch auf alle weiteren Zustände zu, bei denen beide Hauptquanten-
zahlen ungleich eins sind. Die Elektronen liegen dann im kontinuierlichen Teil des Spektrums und sind nicht mehr an den Kern gebunden.
In Streuexperimenten können sie sich aber als instabile Zustände
(Resonanzen, siehe Kap. 3.1) bemerkbar machen. Der Grundzustand
(Zustand minimaler Energie) hat also ohne Berücksichtigung der Abstoßung der Elektronen die Energie $E_0=-54,4\ eV$.

Bei der Diskussion des Heliumspektrums muss natürlich das Pauli-
Prinzip berücksichtigt werden. Wie in Kap. 3.2 diskutiert, muss die
gesamte Wellenfunktion antisymmetrisch bezüglich des Teilchen-
austauschs sein. Da diese ein Produkt aus Ortswellenfunktion Ψ und

Spinwellenfunktion Ψ_s ist, muss also eine symmetrische Ortswellenfunktion mit einer antisymmetrischen Spinwellenfunktion kombiniert werden und umgekehrt. Zustände mit einer symmetrischen Ortswellenfunktion nennt man Parahelium (dazu gehört auch der Grundzustand), Zustände mit antisymmetrischer Ortswellenfunktion Orthohelium. Diese Namen sind historisch begründet, da man früher glaubte, es handle sich um verschiedene Substanzen.

Die Berücksichtigung der elektrostatischen Abstoßung der Elektronen führt dazu, dass sich die Grundzustandsenergie (und die Energie höherer Zustände) erhöht. Eine einfache Rechnung liefert für die Erhöhung von E_0 den Wert $\Delta E = 2{,}5\,Ry = 34\,eV$, also eine beträchtliche Korrektur. Der experimentell bestimmte Wert von ΔE liegt etwa $4\,eV$ tiefer. Ausgefeiltere Rechenverfahren können diesen Wert mit großer Genauigkeit reproduzieren.

Da die Drehimpulsquantenzahl l nur von 0 bis $n{-}1$ läuft, ist für den Grundzustand, wo $n = 1$ für beide Elektronen gilt, nur der Wert $l = 0$, also ein s-Zustand, möglich. Betrachten wir den ersten angeregten Zustand, bei dem ein Elektron $n = 1$ und das andere $n = 2$ aufweist. Für das $n = 2$-Elektron sind also s- und p-Zustände möglich; man bezeichnet diese als $2s$- bzw. $2p$-Zustände. Das zweite Elektron spürt wegen der teilweisen Abschirmung durch das erste Elektron nur einen Teil der elektrostatischen Energie der Kernanziehung. Da der $2s$-Zustand kugelsymmetrisch ist, hat das Elektron in diesem Zustand eine nichtverschwindende Wahrscheinlichkeit, sich am Ort des Kerns aufzuhalten. Dadurch ist dieser Zustand stärker gebunden als der $2p$-Zustand und seine Energie geringer – was im Einklang mit dem Ergebnis der genauen Rechnung steht.

Ein zusätzlicher Beitrag ist die vom Pauli-Prinzip herrührende so genannte Austauschwechselwirkung. Diese rührt direkt von der Antisymmetrisierung der Wellenfunktion her, also der Anwendung des Superpositionsprinzips. Anschaulich kann man sich diese Wechselwirkung vorstellen als einen steten Austausch der beiden Elektro-

Szene eines lebenslangen Dialogs: Wolfgang Pauli und Albert Einstein in Leiden. Paulis Ausschließungsprinzip, nachdem sich zwei Fermionen (Teilchen mit halbzahligem Spin) niemals im gleichen Zustand aufhalten können, liegt der Struktur des Periodensystems der Elemente zugrunde.

nen in Bezug auf die Zustände Spin nach oben und Spin nach unten. Sie ergibt einen messbaren Beitrag zur Energieverschiebung.

Der Formalismus der Quantenmechanik gestattet es, auch das kompliziertere Spektrum des Heliumatoms zu begründen. Das einfache Bohr'sche Modell versagt, da es unter anderem das Pauli-Verbot nicht enthält. Eine exakte Lösung der Schrödinger-Gleichung ist für das Heliumatom nicht mehr möglich. Trotzdem lässt sich die Lösung mit numerischen oder störungstheoretischen Methoden sehr gut approximieren. Für den Fall komplizierter Atome, bei denen also mehr als zwei Elektronen vorhanden sind, werden die Rechnungen noch komplizierter. Oft ist aber für die angestrebte Genauigkeit die Vorstellung völlig ausreichend, dass ein beliebiges Elektron außer der Anziehung durch den Kern eine mittlere Abstoßung verspürt, die von der Gesamtheit der übrigen Elektronen hervorgerufen wird. Es muss allerdings noch einmal betont werden, dass diese Vorstellung eine, wenn auch oft sehr gut erfüllte, Näherung darstellt – in Wirklichkeit gibt es wegen der Verschränkung nur eine Wellenfunktion für alle Elektronen zusammen und nicht separate Wellenfunktionen für die einzelnen Elektronen.

Eine der großen Leistungen der Quantentheorie ist die Erklärung des Periodensystems der Elemente (siehe hintere Umschlagseite). Bereits im 19. Jahrhundert hatte man die bekannten chemischen Elemente nach aufsteigendem Atomgewicht angeordnet. Da Elemente mit ähnlichen chemischen Eigenschaften periodisch wiederkehren, konnte man diese jeweils in einer Spalte zusammenfassen, was insgesamt das Periodensystem ergibt. Eine Erklärung für dieses System war damals jedoch nicht möglich gewesen.

Für feste Quantenzahlen n und l gibt es insgesamt $2(2l+1)$ verschiedene Zustände, wobei die erste 2 von den beiden möglichen Spinrichtungen und die $2l+1$ von den Möglichkeiten für die magnetische Quantenzahl herrühren. Jeden dieser Zustände nennt man ein »Orbital«, und zusammen bilden diese Zustände eine »Schale«. Die Elemente des Periodensystems erhält man, indem man die Schalen und innerhalb einer Schale die Orbitale gemäß steigender Energie unter Beachtung des Pauli-Prinzips nacheinander auffüllt.

Betrachten wir der Reihe nach den Grundzustand für die ersten Elemente des Periodensystems. Das Wasserstoffatom mit einem Proton und einem Elektron haben wir bereits in Kap. 3.3 kennen gelernt. Für $n=1$ gibt es nur die Möglichkeit $l=0$, also den $1s$-Zustand. Gemäß den beiden Richtungen des Spins gibt es also zwei mögliche Zustände. Für das oben diskutierte Heliumatom hat der Grundzustand die Konfiguration $(1s)1s$. Damit ist die innerste Schale ($n=1$) voll, da wegen des Pauli-Prinzips kein weiteres Elektron zu $n=1$ hinzugefügt werden darf (die beiden Elektronen haben bereits antiparallelen Spin, und eine dritte Möglichkeit gibt es nicht). Wasserstoff und Helium bilden zusammen die erste Reihe des Periodensystems.

Die zweite Reihe beginnt mit dem Element Lithium (Li). Hier wird die zweite Schale mit einem Elektron im s-Zustand begonnen, so dass

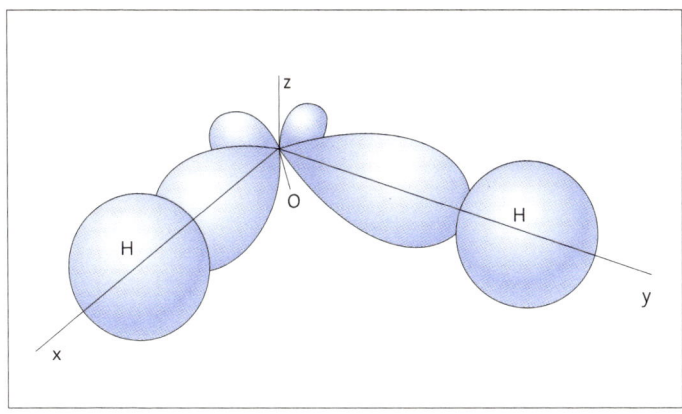

Abb. 21: Elektronendichteverteilung im Wasser-(H_2O)-Molekül

die Konfiguration insgesamt $(1s)(1s)2s$ lautet. Beim nächsten Element Beryllium (Be) ist dann das $2s$-Orbital voll, und die Konfiguration lautet $(1s)(1s)(2s)2s$. Beim fünften Element Bor (B) wird dann das $2p$-Orbital begonnen: $(1s)(1s)(2s)(2s)2p$. Da für das $2p$-Orbital $2(2\cdot1+1)=6$ Zustände möglich sind, werden diese nacheinander in den Elementen Bor, Kohlenstoff (C), Stickstoff (N), Sauerstoff (O), Fluor (F) bis zum Edelgas Neon (Ne) aufgefüllt. Damit ist die zweite Schale gefüllt und die zweite Reihe des Periodensystems abgeschlossen. Im Prinzip lässt sich auf diese Weise das gesamte Periodensystem verstehen.

Das chemische Verhalten der Elemente wird durch die äußeren Elektronen (nicht denen der gefüllten inneren Schalen) bestimmt. Deshalb ergibt sich für Elemente in der gleichen Spalte auch ein ähnliches Verhalten, zum Beispiel für die in der ersten Spalte stehenden Alkalimetalle, zu denen unter anderem Natrium und Kalium gehören. Bei den in der letzten Spalte stehenden Edelgasen ist die äußere Schale mit der maximalen Anzahl von Elektronen gefüllt, was das träge chemische Verhalten dieser Elemente erklärt. Spektrallinien im sichtbaren Bereich rühren von Übergängen der Elektronen in der

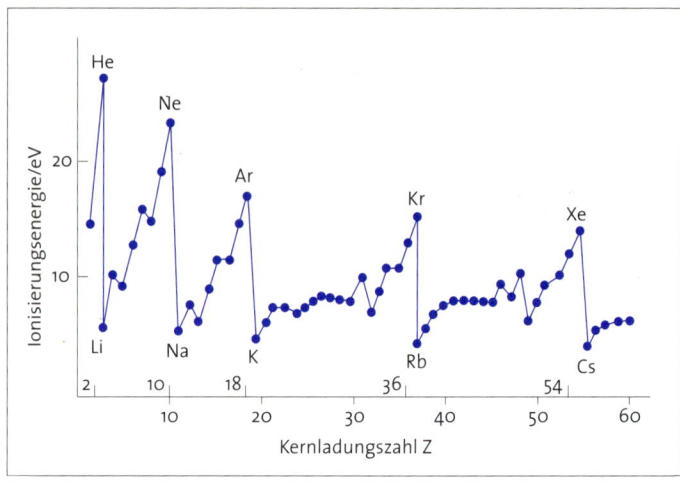

Abb. 22: Ionisierungsenergie als Funktion der Kernladungszahl Z.

äußersten Schale her. Spektren im Röntgenbereich entstehen hingegen dadurch, dass ein Elektron aus einer inneren Schale entfernt wird; rückt ein Elektron aus einer äußeren Schale an diese Stelle, so hat die dabei ausgesandte Strahlung eine höhere Energie und damit eine kleinere Wellenlänge.

Der Unterschied in der Besetzung der Schalen spiegelt sich auch in der Ionisierungsenergie wider (Energie zur Ablösung des ersten Elektrons von einem Atom), siehe Abb. 22.

Die Quantentheorie ist auch in der Lage, die chemische Bindung zwischen verschiedenen Atomen, also die Moleküle, zu erklären. Ein Beispiel ist in Abb. 21 dargestellt. Die Situation ist hierfür komplizierter als für Atome, vereinfacht sich aber insofern, als die Kerne viel schwerer als die Elektronen sind. Deshalb kann die Kernbewegung in einer ersten Näherung vernachlässigt werden.

Die Kerne selbst können verschiedene Bewegungen ausführen: Translationsbewegungen, Rotationsbewegungen, Vibrationsbewegungen. Die Übergänge zwischen den entsprechenden Energieniveaus führen wieder zu Spektren. Beispielsweise befinden sich die Spektrallinien der Vibrationsbewegung im Bereich des infraroten Lichts, entsprechen also viel kleineren Energien als die der elektronischen Übergänge. Translations- und Rotationsbewegungen führen zu noch kleineren Energien. Da es sich meistens um kleine Schwingungen handelt, sind für viele Rechnungen die Ergebnisse des harmonischen Oszillators aus Kap. 3.1 direkt anwendbar. Auch die Energieverhältnisse in der Kernphysik lassen sich durch die Quantentheorie erklären. Beispielsweise gibt es auch für die Kerne selbst Schalen, obwohl es kein Kraftzentrum für den aus Protonen und Neutronen bestehenden Kern mehr gibt.

Es bleibt insgesamt festzuhalten, dass die Quantentheorie die grundlegende Theorie auch für die Chemie (und damit ebenso für die Molekularbiologie) darstellt.

4 DIE INTERPRETATION DER QUANTENTHEORIE

4.1 Schrödingers Katze und das Einstein-Podolsky-Rosen-Problem

Die Quantentheorie ist eine mathematisch konsistente und experimentell hervorragend getestete Theorie. Es mag deshalb überraschen, dass auch über siebzig Jahre nach ihrer Aufstellung keine absolute Einigkeit über ihre physikalische Interpretation herrscht. Das liegt daran, dass die Quantentheorie Züge aufweist, die dem an der klassischen Physik geschulten Vorstellungsvermögen fremdartig erscheinen – die Anwendung des Formalismus selbst ist weitgehend unstrittig. Die Debatte um die Interpretation ist in den letzten Jahren wieder stark aufgelebt, da es mittlerweile Präzisionsexperimente gibt, die es gestatten, die für die Interpretation relevanten Züge direkt zu testen.

Der tiefere Grund für das Unbehagen an der Quantentheorie ist das Superpositionsprinzip (siehe Kap. 2.2). Es erlaubt die Existenz von verschränkten Zuständen und zeichnet daher für die Nichtlokalität der Quantentheorie verantwortlich: Es ist im Allgemeinen unmöglich, einem Teilsystem einen eigenen Zustand (eine eigene Wellenfunktion) zuzuordnen. Nur das gesamte verschränkte System besitzt eine Wellenfunktion.

Das Superpositionsprinzip liegt dem so genannten Messproblem der Quantentheorie zugrunde, wie es zuerst 1932 von John von Neumann in seinem berühmten Buch ›Mathematische Grundlagen der Quantenmechanik‹ beschrieben wurde. Das Messproblem lässt sich anhand der Messung des Spins bei Spin-½-Teilchen auf einfache Weise beschreiben. Man stelle sich einen Messapparat vor, dessen Zeiger nach rechts ausschlägt, wenn der Spin nach oben zeigt und nach links, wenn der Spin nach unten zeigt. Wo liegt das Problem? Da der Messapparat aus Atomen aufgebaut ist, liegt die Annahme auf der Hand, dass auch für ihn die Gesetze der Quantentheorie gelten. Insbesondere sollte er dem Superpositionsprinzip gehorchen. Es sei nun ein Ausgangszustand vorhanden, für den sich das zu messende Teilchen in einer Superposition von Spin oben und Spin unten befindet (was z. B. dem Zustand »Spin nach rechts« entspricht) und der Messapparat in einer neutralen Zeigerstellung. Wegen des Superpositionsprinzips geht dann während der Messung das Gesamtsystem (Teilchen plus Apparat) in einen Zustand Spin oben mal Zeiger nach rechts plus Spin unten mal Zeiger nach links über. Das stellt aber eine Superposition von makroskopischen Zeigerstellungen dar! Da ein solcher Zustand noch niemals beobachtet wurde, hat von Neumann den so genannten »Kollaps der Wellenfunktion« eingeführt. Er postulierte, dass während einer Messung die Schrödinger-Gleichung vorübergehend außer Kraft tritt und sich die Superposition auf inde-

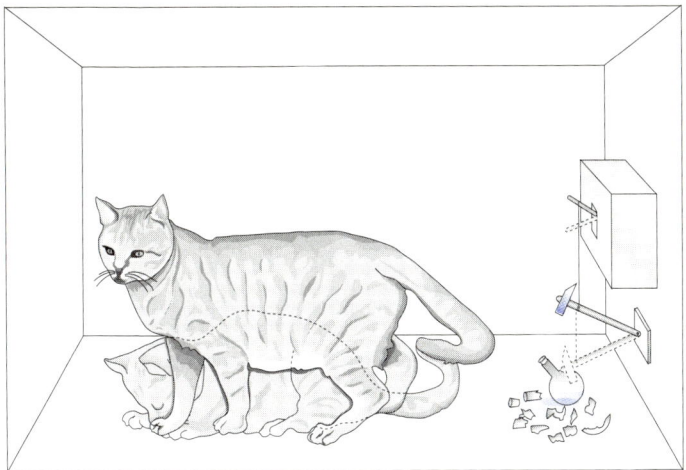

Abbildung 23: Schrödingers Katze

terministische Weise – gemäß der Wahrscheinlichkeitsinterpretation der Quantentheorie – in einen Zustand verwandelt, der einem
definitiven Messergebnis entspricht (Zeiger rechts *oder* Zeiger links).
Die Einführung des Kollaps geschah freilich ad hoc und ohne Beschreibung durch physikalische Gleichungen.

Ein Beispiel, welches das Messproblem auf besonders eindrückli-
che Weise illustriert, ist Schrödingers Katze (Abb. 23). In Schrödingers
eigenen Worten (von 1935):

»Eine Katze wird in eine Stahlkammer gesperrt, zusammen mit folgender Höllenmaschine…: in einem Geiger'schen Zählrohr befindet sich eine winzige Menge radioaktiver Substanz, so wenig, dass
im Lauf einer Stunde vielleicht eines von den Atomen zerfällt,
ebenso wahrscheinlich aber auch keines; geschieht dies, so spricht
das Zählrohr an und betätigt über ein Relais ein Hämmerchen, das
ein Kölbchen mit Blausäure zertrümmert. Hat man dieses ganze

System eine Stunde lang sich selbst überlassen, so wird man sich sagen, dass die Katze noch lebt, wenn inzwischen kein Atom zerfallen ist. ... Die ψ-Funktion des ganzen Systems würde das so zum Ausdruck bringen, dass in ihr die lebende und die tote Katze ... zu gleichen Teilen gemischt oder verschmiert sind.«

Aus einer mikroskopischen Superposition (Atom unzerfallen plus Atom zerfallen) entsteht also durch Wechselwirkung eine Superposition von makroskopisch verschiedenen Zuständen, hier von toter und lebendiger Katze. Nach von Neumann würde eine Beobachtung des Kammerinneren einen Kollaps der Wellenfunktion in Katze tot *oder* lebendig verursachen.

Man bezeichnet die Stelle, an der ein eventueller Kollaps stattfinden würde, auch als »Heisenberg'scher Schnitt«. Ganz sicher kann dieser Schnitt nicht im Atom liegen, da man ansonsten in Widerspruch zu den in Kap. 2.2 erwähnten makroskopischen Quantenphänomenen geriete. Es kann also im Atom keine realen Quantensprünge geben. John Bell vertrat den pragmatischen Standpunkt, dass man den Schnitt einfach weit genug von dem gemessenen System ansetzen müsse, so dass sich wegen der beschränkten Möglichkeit des Beobachters kein Widerspruch zu dem angenommenen Kollaps ergibt. Hierbei ist natürlich zu beachten, dass man eine ganze Kette von Beobachtern zwischen dem System und dem letzten Beobachter einschalten kann, auf die alle das Superpositionsprinzip angewandt werden kann und für welche somit das Dilemma von Schrödingers Katze entsteht.

Ein historisch bedeutsamer Beitrag zur Debatte um die Interpretation der Quantentheorie ist das von Einstein 1935 gemeinsam mit Boris Podolsky und Nathan Rosen diskutierte Gedankenexperiment, das als EPR-Problem bekannt wurde. Nachdem sein Angriff auf die Konsistenz der Quantentheorie gescheitert war (siehe Kap. 2.3), glaubte Einstein, dass diese Theorie vielleicht korrekt sei, auf jeden

Fall aber unvollständig. Dahinter steckte natürlich sein Unbehagen an dem durch die Wahrscheinlichkeitsinterpretation ins Spiel gebrachten Indeterminismus dieser Theorie. Wenn die Quantentheorie tatsächlich unvollständig ist, sollte es so genannte »verborgene Parameter« geben, die es zum Beispiel gestatten würden, Ort und Impuls gleichzeitig zu bestimmen. Das wäre dann analog zur Situation bei einem Gas, wo die Thermodynamik nur makroskopische Parameter wie Druck und Temperatur kennt, Ort und Geschwindigkeit jedes einzelnen Gasteilchens aber durch mikroskopische (»verborgene«) Parameter bestimmt sind. Von Neumann hatte in seinem Buch die Unmöglichkeit von verborgenen Parametern bewiesen, doch sollten sich die dabei getroffenen Annahmen als zu eng erweisen.

Worum geht es bei dem EPR-Problem? In der vereinfachten Version von David Bohm (Abb. 24) emittiert eine Quelle ein Paar von Spin-½-Teilchen, die in entgegengesetzter Richtung davonfliegen und sich beliebig weit voneinander entfernen können. Die Teilchen befinden sich dabei in einem verschränkten Zustand, der einem einzelnen Teilchen keinen definitiven Wert für den Spin ($+\hbar/2$ bzw. $-\hbar/2$ in Bezug auf eine vorgegebene Richtung) zuordnet. Der Zustand ist aber dergestalt, dass die Spins der Teilchen »antikorreliert« sind: Liefert eine Messung des Spins von Teilchen 1 etwa den Wert »Spin nach oben«, so muss die Spinmessung an Teilchen 2 das Ergebnis »Spin nach unten« ergeben und umgekehrt. Das steht nicht im Widerspruch zur Relativitätstheorie, da hiermit keine Informationsübertragung möglich ist.

Das wesentliche Kriterium von EPR ist das Kriterium der *Lokalität*: Für genügend weit voneinander entfernte Teilchen soll es möglich sein, an Teilchen 1 eine Messung vorzunehmen, ohne Teilchen 2 zu stören (und umgekehrt). Man könnte etwa für Teilchen 1 den Spin in Bezug auf die z-Richtung messen. Ergibt sich das Resultat »Spin nach oben«, muss für Teilchen 2 das Messergebnis »Spin nach unten« folgen. Man könnte aber auch für Teilchen 1 den Spin in Bezug auf die x-

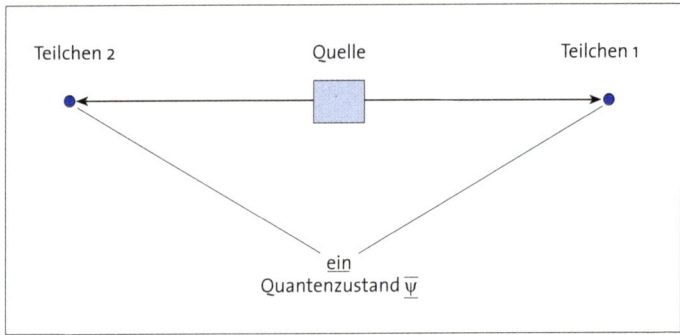

Abbildung 24: Zum EPR-Problem

Richtung messen. Ergibt sich hier etwa »Spin nach rechts«, so muss das Messergebnis für Teilchen 2 »Spin nach links« lauten. Wie in Kap. 3.2 diskutiert, erlaubt es die Quantentheorie nicht, für ein Teilchen den Spin bezüglich z- und x-Richtung gleichzeitig zu messen. Da man aber das eine oder das andere tun kann, ohne Teilchen 2 zu stören, muss laut EPR für Teilchen 2 dem Wert des Spins in jede Richtung Realität zukommen (und umgekehrt natürlich für Teilchen 1). Da die Quantentheorie jedoch die gleichzeitige Messung verbietet, muss laut EPR diese Theorie unvollständig sein und durch eine umfassendere Theorie ersetzt werden.

Wesentlich ist, dass das gewählte Kriterium der lokalen Realität der Nichtlokalität der Quantentheorie zu widersprechen scheint. Lässt sich die Gültigkeit des Lokalitätskriteriums experimentell testen? Die Antwort lautet ja – nämlich durch die im nächsten Abschnitt diskutierten Bell'schen Ungleichungen.

4.2 Die Bell'schen Ungleichungen

John Bell hat 1964 Ungleichungen aufgestellt, die drei wichtige Eigenschaften aufweisen:

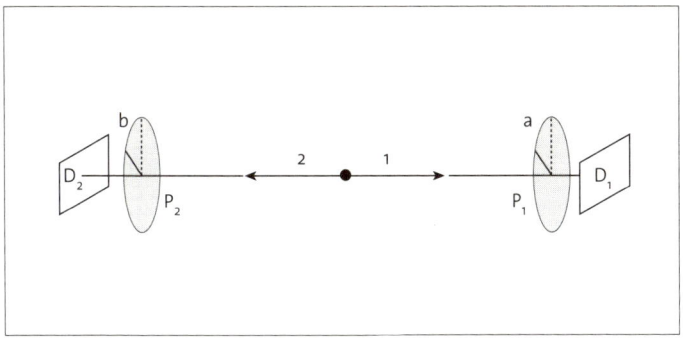

Abbildung 25: Versuchsaufbau zum Test der Bell'schen Ungleichungen

- Sie werden ganz allgemein aus der Annahme einer lokalen Realität abgeleitet.

- Sie werden durch die Quantentheorie verletzt.

- Sie sind experimentell überprüfbar.

Wir diskutieren im Folgenden einen vereinfachten Beweis einer solchen Ungleichung, wie er von Bernard d'Espagnat aufgestellt wurde. Die Situation entspricht derjenigen des EPR-Problems: Eine Quelle emittiere antikorrelierte Spin-½-Teilchen, die in entgegengesetzter Richtung davonfliegen; misst man also rechts für den Spin in Bezug auf eine beliebig gewählte Richtung den Wert $+\hbar/2$, so findet man links den Wert $-\hbar/2$ (und umgekehrt). Alternativ kann man auch mit Photonen arbeiten, die Spin-1-Teilchen sind. Die Messung erfolge durch Einbau von zwei so genannten Polarisatoren P_1 und P_2, welche die Teilchen nur durchlassen, wenn der Spin in der gewählten Richtung (a bei P_1 und b bei P_2) $+\hbar/2$ beträgt (siehe Abb. 25). Hinter den Polarisatoren stehen Detektoren D_1 und D_2, die nur ansprechen, wenn das entsprechende Teilchen durchgelassen wurde. Falls ein Detektor nicht anspricht, hat der entsprechende Spin also den Wert $-\hbar/2$.

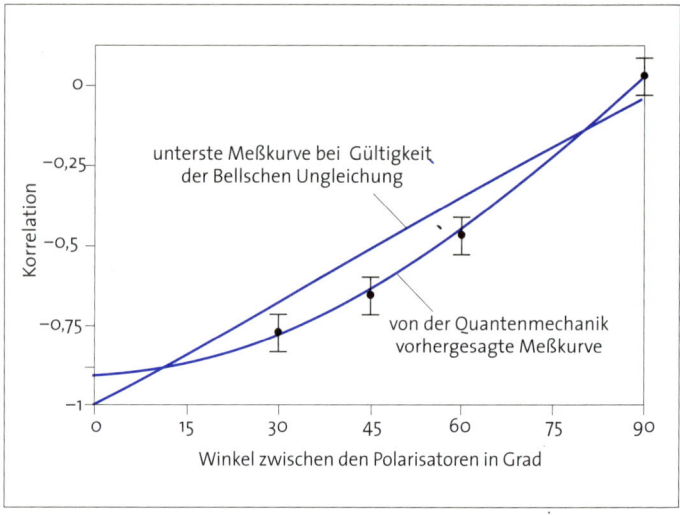

Abbildung 26: Ergebnis eines Experimentes zum Test der Bell'schen Ungleichungen. Es ist offenkundig, dass die Quantenmechanik bestätigt ist und die Bell'schen Ungleichungen verletzt sind.

Die Lokalitätsannahme besagt nun, dass jedes Teilchen schon an sich einen bestimmten Wert des Spins in Bezug auf jede vorgegebene Richtung besitzt. Dieser Wert soll sich nicht ändern, wenn die Lage eines weit entfernten Teils der Apparatur verändert wird. Man kann nun bei einer Messreihe (viele Messungen) jene Teilchen betrachten, die im Polarisator P_1 bei der Richtung $a = \alpha$ durchgehen, bei der Richtung $a = \gamma$ aber nicht. Diese Zahl sei mit $N(\alpha;\gamma)$ bezeichnet. Spricht D_1 bei $a = \alpha$ nicht an, so heißt das natürlich gerade, dass D_2 bei der Richtung $b = \alpha$ anspricht. Nun kann man diese Teilchen in zwei Gruppen einteilen, je nachdem, ob sie bei einer dritten Richtung $a = \beta$ durchgehen würden oder nicht. Bezeichnet $N(\alpha,\beta;\gamma)$ die Zahl der durchgehenden Teilchen und $N(\alpha;\beta,\gamma)$ die Zahl der nicht durchgehenden, so ist gewiss $N(\alpha;\gamma)$ gleich der Summe aus durchgehenden und nicht durchgehenden Teilchen, also

$$N(\alpha;\gamma) = N(\alpha,\beta;\gamma) + N(\alpha;\beta,\gamma) \ . \qquad (26)$$

Die Anzahl $N(\alpha,\beta;\gamma)$ ist nun sicher kleiner oder gleich der Zahl $N(\beta;\gamma)$, da in $N(\beta;\gamma)$ auch Teilchen enthalten sind, die bei $a = \alpha$ nicht durch P_1 gehen. Analog gilt natürlich $N(\alpha;\beta,\gamma) \leq N(\alpha;\beta)$. Setzt man beide Beziehungen in (26) ein, so ergibt sich die Bell'sche Ungleichung

$$N(\alpha;\gamma) \leq N(\alpha;\beta) + N(\beta;\gamma) \ . \qquad (27)$$

Die Rechnung aufgrund der Quantentheorie liefert für einen Bereich der möglichen Einstellungen ein hiervon abweichendes Ergebnis. In Abb. 26 wird für ein Experiment, das M. Lamehi-Rachti und W. Mittig 1976 in Saclay (Frankreich) mit Protonen durchgeführt haben, die Vorhersage der Quantenmechanik mit dem durch die Bell'schen Ungleichungen erlaubten Bereich verglichen (aufgetragen ist die Korrelation der Messergebnisse bei den Detektoren D_1 und D_2 in Abhängigkeit des Winkels zwischen den Polarisatoren). Die Ergebnisse sprechen eindeutig für die Quantentheorie!

Die Experimente werden meistens mit Photonen gemacht. Am bekanntesten sind die von Alain Aspect und Mitarbeitern Anfang der achtziger Jahre an der Université Paris-Sud durchgeführten Versuche. Wichtig ist natürlich die Garantie, dass die Einstellung der Polarisatoren tatsächlich zufallsbestimmt ist und so erfolgt, dass eine Beeinflussung des einen durch den anderen ausgeschlossen ist. Dazu muss die Wahl der einen Richtung bei P_2 so schnell nach der Wahl der Richtung von P_1 erfolgen, dass nicht einmal das Licht die Strecke zwischen den Polarisatoren in dieser Zeit zurücklegen kann. Zusätzlich muss eine ausreichende Anzahl von Teilchen registriert werden, um schließen zu können, dass die gemessene Menge einen typischen Querschnitt aller Teilchen darstellt. Alle diese Bedingungen sind experimentell realisiert worden, wobei sich immer die Quantentheorie und nicht die Vorstellung einer lokalen Realität als richtig erwiesen hat.

Die experimentellen Tests im Rahmen der Bell'schen Ungleichungen erfordern immer die Durchführung vieler Messungen. Daniel Greenberger, Michael Horne und Anton Zeilinger (GHZ) haben 1989 ein (2000 realisiertes) Experiment vorgeschlagen, bei dem man bereits bei einer *einzelnen* Messung erkennen kann, ob die Quantentheorie oder die lokale Realität gilt. Man benötigt dazu eine Quelle, die drei statt zwei Teilchen aussendet. Ein Mittelding zwischen Bell und GHZ ist das von Lucien Hardy 1992 vorgeschlagene Gedankenexperiment: Dort würde der lokale Realismus vorhersagen, dass sich bestimmte Messergebnisse manchmal ergeben können; gemäß der Quantentheorie können diese Ergebnisse hingegen niemals auftreten.

Dass die Welt einen nichtlokalen Charakter aufweist, ist eine Trivialität, sofern man von der Richtigkeit der Quantentheorie mit ihren verschränkten Zuständen überzeugt ist. Die in diesem Abschnitt diskutierten Situationen zeigen, wie weit diese Nichtlokalität von einfachen Vorstellungen einer lokalen Realität entfernt ist. Indem sie die nichtlokale Struktur der Welt offenlegte, hat die Quantentheorie unser physikalisches Weltbild revolutioniert.

4.3 Der klassische Grenzfall

Wir haben gesehen, dass die Quantentheorie Züge aufweist, die völlig anders geartet sind als die der klassischen Physik. In vielen Bereichen (nicht zuletzt der Alltagswelt) ist die klassische Beschreibung der Natur jedoch eine ausgezeichnete Näherung – andernfalls hätte sich die klassische Physik (Newton'sche Mechanik, Elektrodynamik etc.) historisch nicht vor der Quantentheorie entwickeln können. Es stellt sich deshalb das Problem, aus dem Formalismus der Quantentheorie auf konsistente Weise den so genannten klassischen Grenzfall abzuleiten.

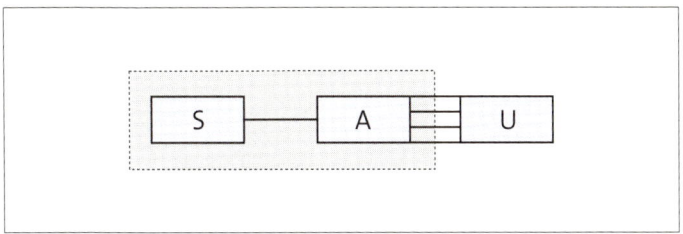

Abbildung 27: Kopplung von System (S) und Messapparat (A) an die Freiheitsgrade der Umgebung (U)

Die charakteristische Skala für die Quantentheorie ist durch das Planck'sche Wirkungsquantum $\hbar$ gegeben. Notwendig für den klassischen Grenzfall sind deshalb Situationen, in denen die Größe von $\hbar$ vernachlässigbar klein gegenüber den für diese Situationen typischen Variablen ist. So kann beispielsweise die Nullpunktsenergie des harmonischen Oszillators $E_0 = \hbar\omega/2$ gegenüber makroskopischen Energien vernachlässigt werden, die um ein Vielfaches größer sind. Ist diese »Kleinheit« von $\hbar$ aber für sich genommen schon ausreichend? Wegen des Superpositionsprinzips lautet die Antwort hierauf im Allgemeinen nein. Eine verrückte Überlagerung wie die in Kap. 4.1 diskutierte Superposition von toter und lebendiger Katze verschwindet nicht, wenn man $\hbar$ in Gedanken immer kleiner werden lässt. Das ist ja gerade der Inhalt des quantenmechanischen Messproblems. Man benötigt zusätzlich einen Mechanismus, der dazu führt, dass die makroskopischen Superpositionen unbeobachtbar werden.

Ein solcher Mechanismus existiert tatsächlich. Es ist nämlich im Allgemeinen völlig unrealistisch anzunehmen, dass ein makroskopisches System von seiner Umgebung isoliert ist. Von Neumanns Messapparat (siehe Kap. 4.1) beispielsweise wechselwirkt unvermeidlich mit Licht und mit Luftmolekülen. Statt der alleinigen Kopplung von System und Apparat muss noch die Kopplung des Apparates an die Umgebung (siehe Abb. 27) berücksichtigt werden. Wenn man System und Apparat durch die Quantentheorie beschreibt, muss man konsistenterweise auch die Umgebung in diese Beschreibung einbeziehen. Dann kommt aber erneut das Superpositionsprinzip ins Spiel, wobei eine makroskopische Überlagerung von Apparatzuständen eine makroskopische Überlagerung von entsprechenden Umgebungszuständen nach sich zieht. Was ist dadurch gewonnen? Im Unterschied etwa zum Freiheitsgrad Zeigerstellung des Messapparates besteht die Umgebung aus sehr vielen Freiheitsgraden (in Abb. 27 durch mehrere Linien angedeutet). Als Folge hiervon entsteht durch die Wechselwirkung eine Superposition in einem hochdimensionalen Konfigurationsraum – einem Konfigurationsraum, der sich nicht nur aus den (wenigen) System- und Apparatvariablen zusammensetzt, sondern zusätzlich aus den vielen Variablen, welche etwa Photonen und Luftmoleküle beschreiben. Es zeigt sich, dass in realistischen Situationen hierdurch die makroskopischen Überlagerungen des Apparates lokal (d. h. am Apparat selbst) nicht mehr beobachtet werden können; die Interferenzterme zwischen den verschiedenen Zeigerstellungen werden im hochdimensionalen Konfigurationsraum quasi getrennt. Das Gleiche gilt natürlich auch für Schrödingers Katze. Man könnte die nichtklassischen Superpositionen also nur wahrnehmen, wenn man alle Freiheitsgrade der Umgebung unter Kontrolle hätte – was aber praktisch unmöglich ist.

Diese Entstehung von klassischen Eigenschaften durch die unvermeidbare Wechselwirkung mit der Umgebung bezeichnet man als Dekohärenz. Die Relevanz dieses Prozesses wurde vor allem in Arbeiten von H.-Dieter Zeh und Erich Joos an der Universität Heidelberg betont. Ein grundsätzlicher Aspekt der Dekohärenz ist ihre Irreversibilität – die vielen Freiheitsgrade der Umgebung tragen Information über die lokalen Superpositionen weg, jedoch nicht mehr ins System zurück. Aus diesem Grund wird niemand je eine Superposition zwischen einer toten und einer lebendigen Katze beobachten, obwohl es im Prinzip einen solchen Zustand gibt. Formal beschrieben wird die Dekohärenz durch so genannte Dichtematrizen (**Mathematischer** **S. 113** **Formalismus**). Sie enthalten all die Information, die man über System und Apparat haben kann, ohne auf die Umgebung direkt Bezug nehmen zu müssen.

Zur Veranschaulichung ist in Abb. 28 ein Beispiel dargestellt. Rechts oben sieht man eine Wellenfunktion, die aus zwei Spitzen (»Gauß-Funktionen«) besteht. Sie soll die Superposition von zwei makroskopisch verschiedenen Zeigerstellungen symbolisieren. Die zugehörige Dichtematrix ist im Teil a) der Abbildung dargestellt. Deren Diagonalterme (links unten und rechts oben) geben die Wahrscheinlichkeiten dafür an, das System in dem einen (der linken Spitze der Wellenfunktion) oder dem anderen Zustand (der rechten Spitze der Wellenfunktion) zu finden. Die Nichtdiagonalterme (links oben und rechts unten) geben hingegen die Größe der Interferenzterme zwischen den verschiedenen Teilen der Wellenfunktion an, sind also ein Maß für die Größe der nichtklassischen Superpositionen. In Abb. 28 b) ist dargestellt, wie die Dichtematrix nach einer gewissen Zeit aussieht, wenn man die Kopplung an die Umgebung berücksichtigt: Die Wahrscheinlichkeiten ändern sich (in diesem Beispiel) nicht, während die Interferenzterme fast völlig verschwinden – die Katze ist tot *oder* lebendig, aber nicht mehr beides gleichzeitig. Im allgemeinen Fall einer Wechselwirkung ändern sich auch die Wahrscheinlichkeiten. Es ist aber wichtig zu betonen, dass dies für die Entstehung klassischer Eigenschaften nicht notwendig ist; eine »Störung« des gemessenen Systems wird nicht benötigt.

In Abb. 29 a) ist noch einmal die Interferenz eines Teilchens mit sich selbst (vgl. Kap. 2.2) dargestellt, wie sie beispielsweise beim Durchgang durch einen Doppelspalt auftritt. In Abb. 29 b) ist zu sehen, was passiert, wenn eine schwache Kopplung an die Umgebung berücksichtigt wird. Das Interferenzbild ist noch sichtbar, aber bereits etwas gedämpft, in Abb. 29 c) schließlich liegt eine starke Kopplung

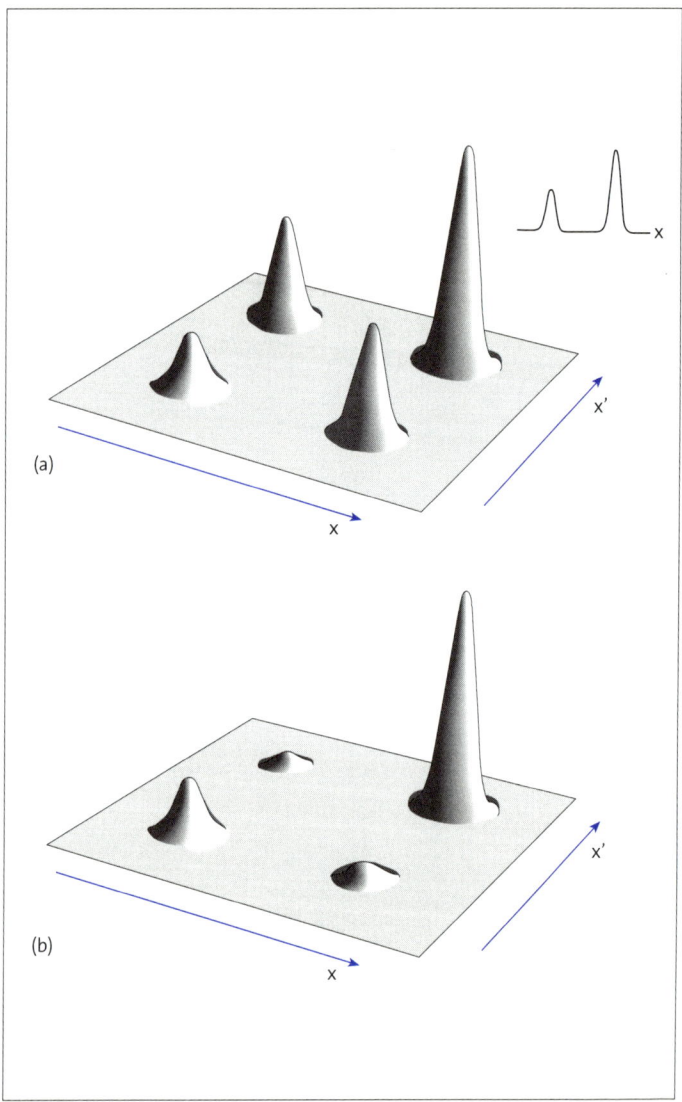

(a)

(b)

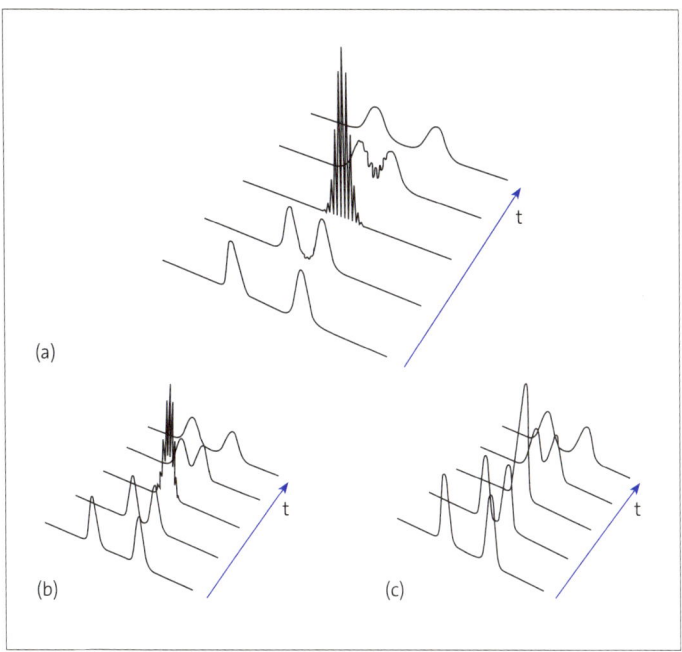

Abbildung 29: Bei Ankopplung an Umgebungsfreiheitsgrade verschwindet die Interferenz eines Teilchens mit sich selbst

an die Umgebung vor – es ist kein Interferenzmuster mehr zu erkennen, obwohl die beiden Teile der Wellenfunktion das gleiche Gebiet im Raum belegen. Interferenzerscheinungen liegen also nur dann vor, wenn die Kopplung an die Umgebung nicht zu stark ist – das kann für mikroskopische Systeme wie das durch den Spalt fliegende Elektron der Fall sein, aber niemals für makroskopische Objekte. Letztere werden durch den Einfluss der Umgebung lokalisiert. Hierdurch

Abbildung 28: Verschwinden der Interferenzterme eines makroskopischen Systems durch Wechselwirkung mit der Umgebung

wird insbesondere die in Kap. 3.1 diskutierte Dispersion des freien Wellenpakets unterdrückt. Die Spuren von Elementarteilchen in Detektoren kommen durch die Wechselwirkung mit den Atomen im Detektor zustande.

Die durch die Umgebung bewirkte Lokalisierung des Teilchens wird durch die Lokalisierungsrate Λ beschrieben, welche die Einheit eins durch Quadratzentimeter und Sekunde besitzt. Sie gibt an, wie schnell im Lauf der Zeit die Interferenz zwischen verschiedenen Orten als Funktion von deren Entfernung verschwindet. In der nachfolgenden Tabelle ist Λ für verschiedene Systeme (Staubteilchen verschiedener Größe und große Moleküle) unter dem Einfluss verschiedener Umgebungen aufgelistet.

Tabelle 1: Lokalisierungsrate Λ in $cm^{-2}s^{-1}$ für drei Systeme und verschiedene Streuprozesse; a bezeichnet den Radius des Teilchens

	$a = 10^{-3}$cm Staubteilchen	$a = 10^{-5}$cm Staubteilchen	$a = 10^{-6}$cm großes Molekül
Kosmische Hintergrundstrahlung	10^{6}	10^{-6}	10^{-12}
Photonen mit 300 K	10^{19}	10^{12}	10^{6}
Sonnenlicht (auf der Erde)	10^{21}	10^{17}	10^{13}
Luftmoleküle	10^{36}	10^{32}	10^{30}
Laborvakuum	10^{23}	10^{19}	10^{17}
(10^3 Teilchen/cm³)			

Man erkennt beispielsweise, dass ein Staubteilchen mit einem Radius von 10^{-3} cm bereits durch die Wechselwirkung mit der schwachen kosmischen Hintergrundstrahlung von drei Kelvin – also selbst im intergalaktischen Raum – klassische Eigenschaften annimmt. Die Dekohärenz wird somit schon in Situationen wichtig, in denen der direkte Einfluss durch Stöße vernachlässigbar klein ist (das Staubteilchen seine Bahn nicht ändert). Auf der Erde ist die Streuung durch Luftmoleküle für die Lokalisierung am wichtigsten.

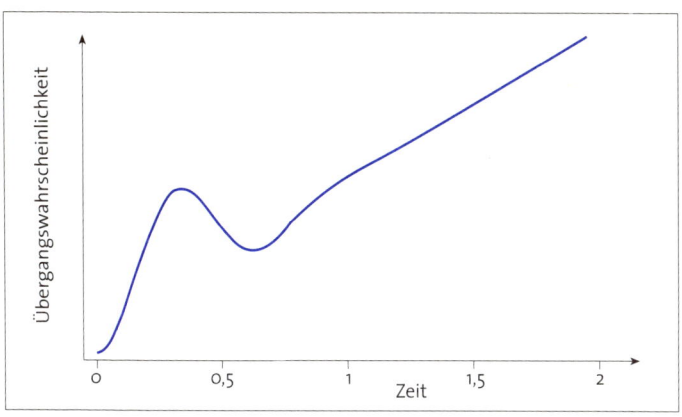

Abbildung 30: Übergangswahrscheinlichkeit zwischen zwei Energieniveaus in Abhängigkeit von der Zeit

Im Extremfall kann der Einfluss der Umgebung so stark werden, dass Übergänge zwischen Energieniveaus bei Atomen und Molekülen verhindert werden. Man spricht dann von dem »Quanten-Zeno-Effekt« (Zeno von Elea war ein griechischer Philosoph, der im fünften vorchristlichen Jahrhundert lebte und für seine Aporien wie die von Archilles und der Schildkröte bekannt wurde, mit denen er die Unmöglichkeit von Veränderung beweisen wollte). In Abb. 30 ist die im Rahmen eines Modells berechnete Übergangswahrscheinlichkeit zwischen zwei Energieniveaus in Abhängigkeit von der Zeit dargestellt. Die Rolle der Umgebung übernimmt ein makroskopischer Messapparat. Der Quanten-Zeno-Effekt liefert eine quadratische Abhängigkeit der Wahrscheinlichkeit von der Zeit, welche in der Abbildung bei kleinen Zeiten vorliegt. Das hat zur Folge, dass bei einer Zunahme der »Messungen« innerhalb des gleichen Zeitintervalls die Übergangswahrscheinlichkeit immer kleiner wird. Sobald der Apparat die verschiedenen Zustände auflösen kann (in diesem Beispiel bei $t \sim 1$), wächst die Wahrscheinlichkeit linear an. Das entspricht dann konstanten Übergangsraten und somit – zumindest näherungsweise – einem exponentiellen Zerfall. Letzterer kann in der Quantentheorie nur approximativ vorliegen, auch wenn diese Approximation meistens sehr gut erfüllt ist (beispielsweise beim radioaktiven Zerfall). Der Quanten-Zeno-Effekt wurde in einem Experiment mit Beryllium-Ionen experimentell nachgewiesen.

In einer Reihe von Experimenten wurde der Übergang von Quantenverhalten zu klassischem Verhalten zeitlich verfolgt. Es sind hier insbesondere die Experimente von Serge Haroche und Mitarbeitern an der Ecole Normale Supérieure in Paris aus dem Jahre 1996 zu nennen. Dort hat man Superpositionen von einer kleinen Anzahl von Photonen hergestellt (Miniaturversionen von Schrödingers Katze) und festgestellt, wie diese nach einer kurzen Zeit (im Experiment Millisekunden) durch Ankopplung an andere Freiheitsgrade verschwinden.

Der Prozess der Dekohärenz erklärt, warum makroskopische Objekte lokalen Beobachtern klassisch erscheinen – diese klassischen Eigenschaften wohnen dem Objekt nicht inne, sie werden erst durch die Wechselwirkung mit der Umgebung definiert. Lokale klassische Eigenschaften werden also durch die Nichtlokalität der Quantentheorie (Verschränkung mit der Umgebung) bewirkt.

4.4 Bedeutung der Wellenfunktion

Die Diskussion um die korrekte Interpretation der Quantentheorie dreht sich natürlich in erster Linie um die Interpretation der Wellenfunktion Ψ. Deren Quadrat gibt die Wahrscheinlichkeitsdichte dafür an, bei einer Messung die jeweiligen Werte der zu messenden Größe zu finden. Wegen des in Kap. 4.1 diskutierten Messproblems gibt es aber bisher keine Einigkeit über die Interpretation von Ψ, die über ihren rein pragmatischen (und erfolgreichen) Gebrauch hinausgeht. Insbesondere stellt sich die Frage, ob die Wellenfunktion bei einer Messung tatsächlich kollabiert oder nicht. Pragmatisch wird beim

Ablesen eines Messergebnisses immer ein erfolgter Kollaps angenommen, ohne dass hierfür freilich Gleichungen formuliert werden.

Wegen der Existenz des Superpositionsprinzips ist eine rein klassisch statistische Theorie für Ψ nicht konsistent – es gibt zusätzlich zu den Wahrscheinlichkeiten immer (zumindest prinzipiell) die Möglichkeit der Interferenz. Aus der Fülle der in der Literatur zu findenden Interpretationen seien im Folgenden drei der wichtigsten kurz skizziert: die Kopenhagener Interpretation, die Bohm'sche Interpretation und die Everett-Interpretation.

Die so genannte Kopenhagener Interpretation der Quantentheorie geht auf Diskussionen zwischen Bohr und Heisenberg zurück, die 1927 in Kopenhagen stattfanden. Ihre historische Entstehung lässt sich als Entgegnung auf Schrödingers Wellenmechanik verstehen, die zunächst als Konkurrent der Heisenberg'schen Matrizenmechanik begriffen wurde. Die Kopenhagener Interpretation wird in den meisten Lehrbüchern als die Standard-Interpretation der Quantentheorie bezeichnet. Allerdings existiert keine präzise Definition dieser Interpretation. Vor der Diskussion von Einstein, Podolsky und Rosen (EPR) 1935 (siehe Kap. 4.1) wurde eine Messung in diesem Rahmen immer als unkontrollierte Störung des zu messenden Systems durch den Messapparat interpretiert.

Die Diskussion von EPR hat jedoch aufgezeigt, dass nicht die unkontrollierbare Störung, sondern die Verschränkung der entscheidende Punkt ist. Deswegen rückte nach 1935 der (von Bohr bereits 1927 geprägte) Begriff der Komplementarität in den Mittelpunkt. Komplementäre Eigenschaften eines Systems sind solche, die sich nicht gleichzeitig messen lassen. Wegen der Unbestimmtheitsrelation (10) gehören dazu Ort und Impuls. Ein anderes Beispiel sind die verschiedenen Komponenten des Drehimpulses (Kap. 3.2). Nach der Kopenhagener Interpretation kommt den Phänomenen ohne eine genau diskutierte Messvorschrift keine eigene Realität zu. Insbesondere wird weitergehenden Fragen kein Sinn zugestanden. Aus diesem

Grund empfinden viele Physiker die Kopenhagener Interpretation als unbefriedigend.

Wie die Diskussion der Bell'schen Ungleichung (siehe Kap. 4.2) lehrt, weist die Natur ganz wesentlich nichtlokale Züge auf. Wenn es also verborgene Variable gibt, müssen auch diese nichtlokal sein. David Bohm entwickelte 1952 eine Interpretation der Quantentheorie, die zusätzlich zur Wellenfunktion Ψ noch klassische Teilchen mit definiertem Ort x und definiertem Impuls p beinhaltet. Die Wellenfunktion selbst ist universell definiert und unterliegt keinem Kollaps. Eine ähnliche Theorie war bereits 1928 von de Broglie aufgestellt worden. Die Bohm'sche Interpretation ist konsistent und von anderen Interpretationen durch ihre Messvorhersagen nicht zu unterscheiden. Der springende Punkt ist, dass für Ψ nach wie vor die Schrödinger-Gleichung gilt und dass die Verteilung der Teilchenkoordinaten wie gehabt aus dem Quadrat der Wellenfunktion folgen soll. Ψ lenkt als eine Art Führungswelle die Teilchen, was bewirkt, dass der Teilchenimpuls aus Ψ folgt und nicht frei vorgegeben werden kann. Deshalb ergibt sich auch kein Widerspruch zur Unbestimmtheitsrelation. Beispielsweise geht bei dem in Kap. 2.2 diskutierten Doppelspaltexperiment die Wellenfunktion durch beide Spalte, das damit verknüpfte Teilchen aber nur durch einen. Dabei wird es von Ψ so auf nichtlokale Weise zum Schirm hingezogen, dass sich bei vielen Teilchen gerade das beobachtete Interferenzmuster aufbaut. Bei einer Messung trennen sich die Wellenpakete, welche die verschiedenen Messergebnisse repräsentieren, voneinander, wobei das Teilchen in einem der Pakete gefangen bleibt, entsprechend dem gefundenen Messresultat.

Die sicherlich bizarrste Interpretation der Quantentheorie wurde von Hugh Everett 1957 erdacht. Everett postulierte ebenso wie Bohm, dass die Schrödinger-Gleichung immer exakt gilt, es also nie einen Kollaps gibt. Im Unterschied zu Bohm gibt es aber bei ihm keine zusätzlichen Teilchenbahnen. Den aus dem Superpositionsprinzip folgenden Überlagerungen makroskopisch unterschiedlicher Zustände wird also zu jedem Zeitpunkt Realität zugesprochen. Das würde bedeuten, dass die gesamte Wellenfunktion Ψ aus verschiedenen Komponenten bestünde, in denen alle möglichen Messresultate samt den entsprechenden Zuständen der Beobachter vertreten wären. Aus diesem Grund bezeichnet man diese Everett-Interpretation auch als Viele-Welten-Interpretation, obwohl tatsächlich nur eine Quantenwelt (gegeben durch Ψ) existiert. Diese Interpretation ist konsistent, da wegen der in Kap. 4.3 diskutierten Dekohärenz die makroskopisch verschiedenen Komponenten dynamisch unabhängig werden und nichts voneinander spüren. Formal ist dies sicher die einfachste Interpretation, doch zahlt man einen großen weltanschaulichen Preis. Strittig ist noch immer, ob – wie ursprünglich von Everett behauptet – die Wahrscheinlichkeitsinterpretation tatsächlich in diesem Rahmen abgeleitet werden kann, ohne zusätzlich (wie in den anderen Interpretationen) postuliert werden zu müssen.

Es scheint bis auf weiteres aussichtslos zu sein, zwischen diesen verschiedenen Interpretationen eine experimentelle Unterscheidung herbeizuführen. Immerhin erklärt der Prozess der Dekohärenz, warum zumindest rein pragmatisch die Annahme eines Kollapses (manchmal als scheinbarer Kollaps bezeichnet) gerechtfertigt ist. Die Existenz der Interpretationen drückt aber schon für sich genommen aus, wie fremdartig die Quantenwelt dem an der klassischen Physik geschulten Vorstellungsvermögen tatsächlich ist.

Werner Heisenberg (1901–1976) um 1970. Mit seinen wesentlichen Beiträgen zur Entwicklung der Matrizenmechanik und seiner Entdeckung der Unbestimmtheitsrelationen gehört Heisenberg zu den zentralen Persönlichkeiten bei der Aufstellung der Quantentheorie.

VERTIEFUNGEN

Quantensysteme im elektromagnetischen Feld

Die Wechselwirkung von Materie mit elektromagnetischer Strahlung ist von grundlegender Bedeutung. So ist etwa das in Kap. 3.3 diskutierte Spektrum des Wasserstoffatoms nur deshalb beobachtbar, weil es Übergänge zwischen den einzelnen Energieniveaus gibt, bei denen Photonen emittiert oder absorbiert werden. Elektronen werden nichtrelativistisch erfolgreich durch die Schrödinger-Gleichung beschrieben. Gilt das auch für Photonen? Da die Schrödinger-Gleichung nur für Teilchen gilt, die sich nichtrelativistisch bewegen, also mit einer Geschwindigkeit, die viel kleiner als die Lichtgeschwindigkeit c ist, sind die sich mit c bewegenden Photonen ausgeschlossen. Ein weiteres Problem besteht darin, dass man Licht klassisch nicht durch Teilchen, sondern durch ein Feld beschreibt. Ein Feld besitzt jedoch unendlich viele Freiheitsgrade, da jedem Raumpunkt eine Feldstärke zugeordnet wird.

Das elektromagnetische Feld wird deshalb konsistent durch eine so genannte Quantenfeldtheorie beschrieben. Das Gleiche gilt auch für Elektronen und andere Teilchen, sobald Effekte der Relativitätstheorie wichtig werden (**Quantenfeldtheorie**). Hier soll es jedoch nur um Phänomene gehen, für die der volle Formalismus der Quantenfeldtheorie nicht benötigt wird. Das betrifft insbesondere die Wechselwirkung von geladenen Teilchen, die man quantenmechanisch beschreibt, mit einem äußeren elektromagnetischen Feld, für welches Quanteneffekte in der betrachteten Situation vernachlässigbar sind. Oft ist es auch ausreichend, das elektromagnetische Feld durch eine Sammlung von unendlich vielen harmonischen Oszillatoren zu beschreiben (ein so genanntes freies Feld), wobei es für jede Frequenz einen unabhängigen Oszillator gibt. Das ist der Anwendungsbereich der so genannten Quantenoptik.

S.100

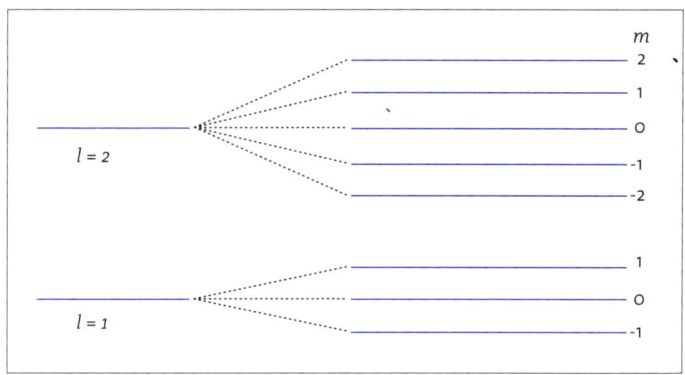

Abbildung 31: Zum »normalen« Zeeman-Effekt

Im einfachsten Fall beschreibt man die Wechselwirkung eines Wasserstoffatoms mit einem konstanten Magnetfeld B. Wir haben in Kap. 3.3 gesehen, dass die Energiewerte im Spektrum entartet sind, also nur von der Hauptquantenzahl n, aber nicht von der Drehimpulsquantenzahl l und der magnetischen Quantenzahl m abhängen. Diese Entartung wird durch die Existenz eines Magnetfeldes aufgehoben, d. h. die Energien im Spektrum hängen dann auch von m und l ab. Man bezeichnet diesen Sachverhalt als Zeeman-Effekt. Bleiben Spin und relativistische Korrekturen unberücksichtigt, so erhält man den so genannten »normalen« Zeeman-Effekt (Abb. 31): Eine Spektrallinie spaltet dann in $2l+1$ Linien auf, wobei die Größe der Aufspaltung proportional zu B und unabhängig von l ist. Tatsächlich ist der normale Zeeman-Effekt eher die Ausnahme. Relativistische Korrekturen und Spin sind nämlich wichtig, und die Größe der Linienaufspaltung hängt dann von l und m ab (»anomaler Zeeman-Effekt«).

Der in Kap. 2.4 diskutierte Stern-Gerlach-Versuch wurde mit Silberatomen durchgeführt. Für diese gibt es neben einer kugelsymmetrischen Ladungsverteilung ein einzelnes äußeres 5s-Elektron. Da dieses Elektron also $l = 0$ aufweist, kann es keinen normalen Zeeman-Effekt

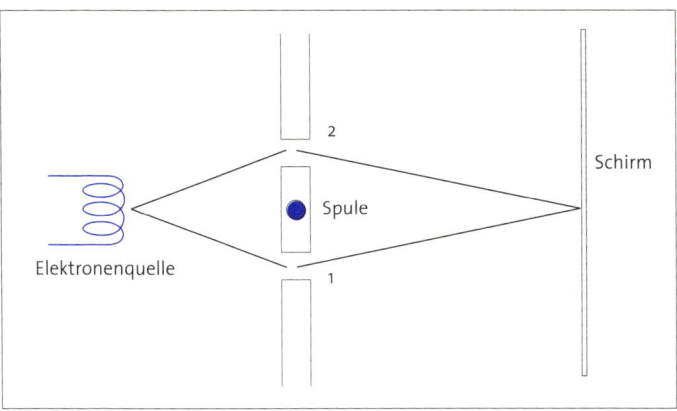

Abbildung 32: Zum Aharonov-Bohm-Effekt

geben. In der Tat rührt die Aufspaltung allein vom Spin her, und man hat folglich $2s+1=2$ Teilstrahlen, wie in dem Experiment beobachtet. Die vom anomalen Zeeman-Effekt herrührende Dublettstruktur in vielen Spektrallinien war historisch der erste Hinweis auf die Existenz des Spins (auf eine »klassisch nicht beschreibbare Zweideutigkeit«, wie es Pauli ausdrückte, vgl. Kap. 3.2). Es sei nur erwähnt, dass es neben der Linienaufspaltung im Magnetfeld auch eine solche im elektrischen Feld gibt, den so genannten Stark-Effekt.

Ein besonders interessanter Effekt ergibt sich in einer Situation, in der das Magnetfeld auf das Innere einer Spule beschränkt bleibt. Es sei dafür gesorgt, dass Elektronen nicht in das Innere der Spule eindringen können. Aufgrund der klassischen Physik würde man erwarten, dass diese Elektronen nichts von dem Magnetfeld spüren können. Nicht so in der Quantentheorie! Man betrachte wieder einen Interferenzversuch mit Elektronen, die durch einen Doppelspalt gehen. Zwischen den Spalten befinde sich die Spule (Abb. 32). Wählt man einmal $B=0$ im Inneren der Spule und einmal $B \neq 0$, so stellt man fest, dass sich das Interferenzmuster auf dem Schirm verschiebt. Die

Größe dieser Verschiebung beträgt $e\phi_B/hc$, wobei ϕ_B den magnetischen Fluss (»Magnetfeld mal Fläche«) durch die Spule bezeichnet. Im Formalismus äußert sich dieser nach Yakir Aharonov und David Bohm benannte Aharonov-Bohm-Effekt dadurch, dass man zur Beschreibung nicht nur das Magnetfeld, sondern eine zusätzliche Größe (das so genannte Vektorpotential) benötigt. Die im Raum ausgebreitete Wellenfunktion des Elektrons »spürt« quasi, ob sich innerhalb der Spule ein Magnetfeld befindet oder nicht.

S.87 Ein analoger Effekt ist die Quantisierung des magnetischen Flusses in Supraleitern (**Festkörper und Quantenflüssigkeiten**). Man stellt fest, dass der Fluss ϕ_B nur diskrete Werte annehmen kann, die durch

$$\Phi_B = n\,\frac{h}{2e} \qquad (28)$$

gegeben sind, wobei n die Werte $0, \pm1, \pm2, \ldots$ annehmen kann. Interessant ist das Auftauchen der doppelten Elementarladung $2e$ im Nenner. Das rührt daher, dass sich die Elektronen in Supraleitern zu Paaren, den so genannten Cooper-Paaren, vereinigen. Und tatsächlich ist die experimentelle Beobachtung der Flussquantisierung eine wesentliche Stütze für die Existenz dieser Paare und der zugrunde liegenden Theorie (der so genannten BCS-Theorie der Supraleitung, benannt nach den Physikern John Bardeen, Leon Cooper und John Schrieffer).

In diesem Zusammenhang gibt es auch eine interessante theoretische Spekulation. Im Unterschied zu elektrischen Ladungen hat man bisher noch keine einzelne magnetische Ladung beobachtet: Ein magnetischer Nordpol ist immer mit einem Südpol verknüpft und umgekehrt. Trotzdem ist es theoretisch denkbar, dass magnetische Monopole existieren; Paul Dirac hat dies 1931 vorgeschlagen, und ihre Existenz wird von einigen vereinheitlichten Theorien postuliert. Das Erstaunliche ist nun, dass schon die Existenz eines einzigen magnetischen Monopols im Universum dazu führen würde, dass die elektrische Ladung quantisiert wäre. Diese Quantisierung wird natürlich

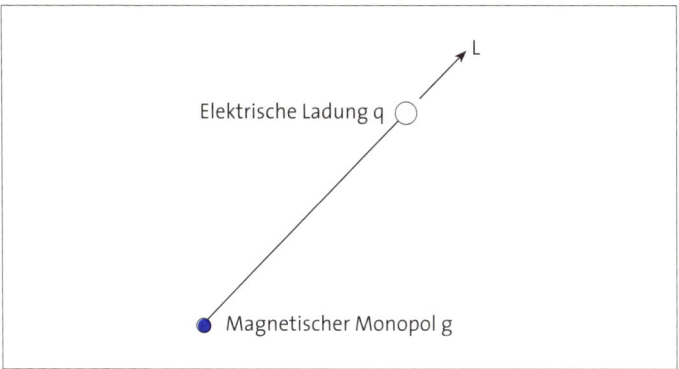

Abbildung 33: Ladungsquantisierung bei Anwesenheit eines magnetischen Monopols

experimentell beobachtet, von den gegenwärtig getesteten Theorien aber nicht vorhergesagt. Wie kommt dies zustande? Man verbinde den Monopol, dessen magnetische Ladung g betragen soll, mit einer elektrischen Ladung der Stärke q in Gedanken durch eine Linie (Abb. 33). Aus den Gleichungen der Elektrodynamik folgt, dass es einen Drehimpuls zwischen beiden Monopolen gibt, der unabhängig von ihrer Entfernung ist und der $L = gq$ beträgt. Da der Drehimpuls aber quantisiert ist (Kap. 3.2), folgt unmittelbar

$$L = gq = n\frac{\hbar}{2} \; , \qquad (29)$$

wobei n eine natürliche Zahl ist. Es muss jedoch betont werden, dass bisher noch kein magnetischer Monopol beobachtet worden ist.

Klassische elektrische Ladungen, die beschleunigt werden, geben Strahlung ab. Ein Atom ist stabil, da es einen stabilen Zustand niedrigster Energie gibt – den Grundzustand. Natürlich gibt es, wie bereits diskutiert, Übergänge zwischen den angeregten Energieniveaus, bei denen elektromagnetische Strahlung emittiert bzw. absorbiert wird. Man unterscheidet im Einzelnen:

- Spontane Emission: Das ist ein Übergang von einem höheren zu einem tiefen Energieniveau unter Aussendung eines Photons, ohne dass vorher ein Photon vorhanden war.

- Stimulierte oder induzierte Emission: Das ist ein Übergang in ein tieferes Energieniveau unter Aussendung eines Photons bei vorheriger Anwesenheit eines (stimulierenden) Photons mit passender Energie für den Übergang.

- Absorption: Das ist ein Übergang von einem tieferen in ein höheres Energieniveau unter Absorption eines Photons. Die Absorptionsrate ist so groß wie die Rate der stimulierten Emission.

Betrachtet man Atome bei einer gewissen Temperatur, so sind normalerweise die höheren Niveaus geringer bevölkert als die niedrigeren Niveaus (das ist beispielsweise bei einer Glühlampe der Fall). Man spricht dann von einer Boltzmann-Verteilung. In einer Gleichgewichtssituation müssen sich Emissions- und Absorptionsprozesse gegenseitig ausgleichen. Einstein hat 1917 gezeigt, dass aus diesem Ausgleich für die Strahlung direkt das Planck'sche Strahlungsgesetz (Abb.1) folgt.

Es gibt auch Situationen, bei denen sich mehr Atome in höheren als in tieferen Niveaus befinden. Man spricht dann von einer Besetzungsinversion. Das wichtigste Beispiel hierfür bildet der Laser. Er besteht typischerweise aus zwei Elementen – einem Resonator und einem Lasermedium, siehe Abb.34. Der Resonator besteht aus zwei Spiegeln, zwischen denen Strahlung hin und her reflektiert wird. Für die Atome des Lasermediums wird eine Besetzungsinversion hergestellt. Es kommt zunächst bei einzelnen Atomen zu spontaner Emission von Strahlung. Diese stimulieren dann weitere Atome zur Emission. Das Ergebnis ist dann Strahlung mit einheitlicher Wellenlänge, Richtung und Phase (kohärente Strahlung). Durch ein kleines

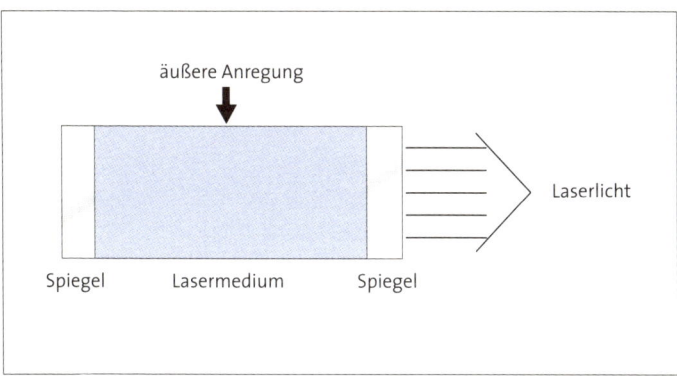

äußere Anregung

Laserlicht

Spiegel   Lasermedium   Spiegel

Abbildung 34: Prinzip des Lasers

Loch in einem der Spiegel kann ein Teil der Strahlung entweichen und genutzt werden, z. B. zum Entfernen von Krebszellen in der Medizin oder zum Lesen von Strichcodes an den Kassen der Supermärkte. Die aus den Anwendungen resultierende Bedeutung des Lasers für die moderne Gesellschaft kann nicht überschätzt werden. Laser können kontinuierlich betrieben werden oder in Pulsen. Beim so genannten Femtosekundenlaser können ultrakurze Pulse von 10^{-15} s (einer Femtosekunde) erzeugt werden, womit die zeitliche Auflösung von extrem schnellen chemischen Vorgängen gelingt.

Festkörper und Quantenflüssigkeiten

Die Quantentheorie erklärt den Aufbau der Atome (Periodensystem) und die Verbindung von Atomen zu Molekülen (chemische Bindung). Abhängig von der Stärke der Wechselwirkung zwischen den Molekülen kann die gleiche Substanz in verschiedenen Zuständen erscheinen: gasförmig, flüssig oder fest. Auch diese Tatsache kann von der Quantentheorie beschrieben werden, desgleichen bestimmte Eigenschaften, die typisch für die jeweiligen Phasen sind.

Um dies verstehen zu können, muss das kollektive Verhalten sehr vieler Teilchen untersucht werden. Hierfür sind natürlich der Unterschied von Fermionen und Bosonen (Kap. 2.4) sowie die Ununterscheidbarkeit von identischen Teilchen in der Quantentheorie von Bedeutung. Oft betrachtet man ein System von Teilchen, das sich im thermischen Gleichgewicht bei einer bestimmten Temperatur T befindet. Es stellt sich dann die Frage, was die durchschnittliche Anzahl von Teilchen ist, die sich in einem gewissen Quantenzustand Ψ_n mit Energie E_n befindet. In Abb. 35 ist die durchschnittliche Teilchenzahl pro Zustand für klassische unterscheidbare Teilchen (a), Fermionen (b) sowie Bosonen (c) bei mittleren Temperaturen dargestellt. Man erkennt, dass sich bei Bosonen in niedrigeren Energiezuständen mehr Teilchen als im klassischen Fall befinden. Für sehr tiefe Temperaturen kommt es gar zu dem Phänomen der Bose-Einstein-Kondensation. Dieser Zustand ist dadurch definiert, dass sich bei einer makroskopischen Zahl von Bosonen jedes der Teilchen in seinem Grundzustand befindet.

Bei Fermionen kann es wegen des Pauli-Prinzips nur höchstens ein Teilchen pro Zustand geben. Hat man N Fermionen, so sind am absoluten Temperaturnullpunkt ($T = 0$) die niedrigsten N Zustände aufgefüllt; die Energie, bis zu der dies möglich ist, heißt Fermi-Energie, abgekürzt E_f. Ein Ergebnis der Thermodynamik besagt, dass die durchschnittliche kinetische Energie ($mv^2/2$) pro Teilchen $3k_BT/2$ beträgt, wobei $k_B \approx 1{,}4 \times 10^{-23}\,JK^{-1}$ (Joule pro Kelvin) die so genannte Boltzmann-Konstante ist. Ist k_BT viel kleiner als E_f (das ist in Abb. 35b dargestellt), so sind einige Zustände unterhalb E_f teilweise leer, einige Zustände oberhalb E_f teilweise voll. Für große Energien sind alle drei Verteilungen in Abb. 35 ungefähr gleich, da nur wenige Zustände besetzt sind und die quantenmechanische Ununterscheidbarkeit der Teilchen deshalb nicht zum Tragen kommt.

Natürlich soll es hier vor allem um die Situationen gehen, in denen Quanteneffekte dominieren. Ein gutes Maß hierfür ist die in (5) eingeführte de Broglie-Wellenlänge λ, da sie über die Größe von Interferenzerscheinungen etc. entscheidet. Dabei kommt es auf das Verhältnis von λ zu den typischen Abmessungen der betrachteten Situation an. Im Folgenden sei die Größenordnung dieser Abmessung mit *a* bezeichnet, was z. B. beim Doppelspaltversuch der Spaltbreite entspricht. Quanteneffekte werden also für λ > a erwartet.

Für ein System im thermischen Gleichgewicht kann man die eben erwähnte Relation $mv^2/2 = 3k_BT/2$ benutzen, um die Geschwindigkeit in (5) zugunsten der Temperatur zu eliminieren. Die Bedingung λ > a liefert dann

$$T < T_e \ , \quad T_e = \frac{h^2}{3mk_Ba^2} \ . \tag{30}$$

Man nennt T_e auch die Entartungstemperatur und bezeichnet das System für $T < T_e$ als entartet. Die Größe *a* entspricht hier dem mittleren Abstand zwischen Elektronen oder Atomen und ist für Festkörper oder Flüssigkeiten von der Größenordnung einiger Ångström. Für Elektronen ist (30) praktisch immer erfüllt (ein typischer Wert für T_e ist 10 000 Kelvin), weshalb diese daher eigentlich immer entartet sind. Man unterscheidet bei Festkörpern zwischen Isolatoren (bei denen die Elektronen an feste Plätze gebunden sind), Leitern (bei denen die Elektronen frei beweglich sind) und Halbleitern, bei denen sich die Elektronen leicht anregen lassen, um in das »Leitungsband« zu gelangen und frei beweglich zu werden (beispielsweise besteht ein Transistor aus drei Halbleiterschichten).

Einer der interessantesten Effekte bei Festkörpern ist die Supraleitung. Diese liegt vor, wenn unterhalb einer kritischen Temperatur T_c (die im Allgemeinen viel kleiner als T_e ist) der elektrische Widerstand verschwindet. Die Supraleitung kommt dadurch zustande, dass sich Elektronen zu »Cooper-Paaren« (die Bosonen sind) vereinigen, für die es aber nur eine kollektive Wellenfunktion gibt (nicht separate Wellenfunktionen für die Paare). In gewissem Sinn ist die Supraleitung Ausdruck der Bose-Einstein-Kondensation der Cooper-Paare.

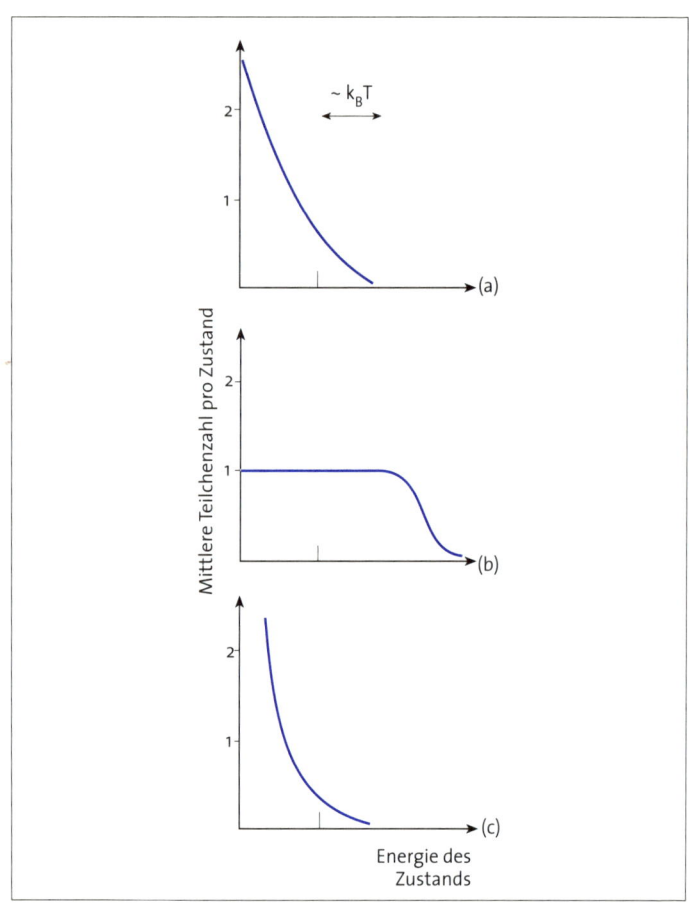

Abbildung 35: Durchschnittliche Teilchenzahl pro Zustand für klassisch unterscheidbare Teilchen (a), Fermionen (b) und Bosonen (c)

Ursprünglich kannte man Supraleiter bis zu einer Temperatur T_c von etwa 25 Kelvin; jedoch kennt man heute so genannte Hochtemperatur-Supraleiter mit T_c mindestens bis 135 Kelvin.

Ein weiterer wichtiger Quanteneffekt kann in Situationen entstehen, in denen die Bewegung der Elektronen auf eine dünne Schicht zwischen zwei Halbleitern, effektiv also auf zwei Dimensionen, beschränkt bleibt. Betrachtet man in der klassischen Physik einen stromdurchflossenen Leiter in einem Magnetfeld, so erfahren die Elektronen eine Ablenkung, die dazu führt, dass sich senkrecht zur Stromrichtung eine Spannung, die so genannte Hall-Spannung U_H aufbaut. Klassisch ist U_H proportional zur Stärke B des Magnetfeldes. Bei niedrigen Temperaturen und starkem Magnetfeld stellt sich für die Elektronen, die sich effektiv in zwei Dimensionen bewegen, heraus, dass die Hall-Spannung quantisiert ist, während sich in Stromrichtung perfekte Leitfähigkeit einstellt. Der zugehörige Hall-Widerstand R_H kann nur die Werte

$$R_H = \frac{U_H}{I} = \frac{h}{e^2 n} \ , \quad n = 1, 2, 3, \dots \ , \tag{31}$$

annehmen, wobei I den Strom bezeichnet (Abb. 36). Der Quanten-Hall-Effekt wurde 1980 von Klaus von Klitzing entdeckt. (Daneben gibt es noch einen Effekt mit gebrochenzahligen Werten, den fraktionierten Quanten-Hall-Effekt.) Das Erstaunliche an (31) ist, dass der Quanten-Hall-Effekt nur von fundamentalen Naturkonstanten abhängt, dem Wirkungsquantum h und der elektrischen Ladung e. Man hat deshalb die Größe $h/e^2 \approx 25\,812$ Ohm als Widerstandsnormal zur Eichung von Widerständen definiert (so genannte von-Klitzing-Konstante). Der Vergleich mit (28) zeigt, dass Analogien zur Supraleitung bestehen.

Für Atome bedeutet (30) bereits eine starke Einschränkung an die Temperatur. Für Gase ist diese Bedingung praktisch nie erfüllt, da die Atome zu weit auseinander sind, a also zu groß wird. Bei Festkörpern hingegen sitzen die Atome an bestimmten Plätzen, so dass deren Ununterscheidbarkeit nicht zum Tragen kommt. Interessant sind deshalb Flüssigkeiten, doch gibt es praktisch nur ein Element, nämlich Helium, das unterhalb von T_e flüssig bleibt – man spricht dann

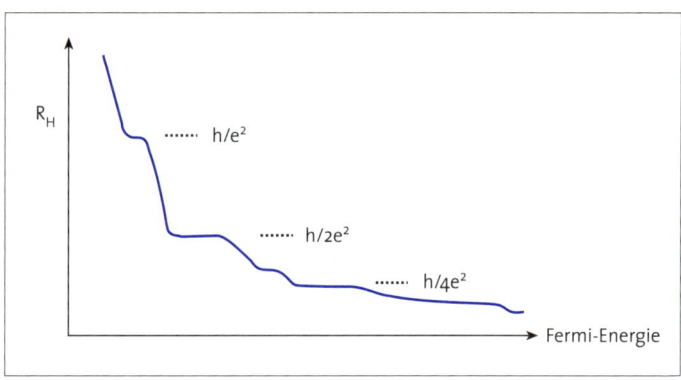

Abbildung 36: Quanten-Hall-Effekt. Dargestellt ist der Hall-Widerstand bei festem Magnetfeld

von einer Quantenflüssigkeit. In der Tat bleibt Helium bei Atmosphärendruck bis zum absoluten Temperaturnullpunkt flüssig; die Nullpunktsenergie ist größer als die Anziehungskräfte zwischen den Atomen, weshalb es keine feste Phase gibt.

Das häufigste Isotop von Helium hat die Massenzahl 4: Der Kern besteht aus 2 Neutronen und 2 Protonen, zu denen sich in der Hülle 2 Elektronen gesellen. Da es sich insgesamt um eine gerade Zahl von Fermionen handelt, ist dieses Helium-4 insgesamt ein Boson. Das seltene Isotop Helium-3 hingegen weist im Kern nur ein Neutron auf. Es besteht also aus einer ungeraden Zahl von Fermionen und ist deshalb selbst wieder ein Fermion. Helium-4 und Helium-3 sollten sich in ihrem Verhalten also stark unterscheiden.

Was im Falle der Elektronen die Supraleitung ist, entspricht hier der Eigenschaft der Supraflüssigkeit. Kühlt man Helium-4 unter etwa 2 Kelvin ab, so fließt es reibungsfrei durch dünne Röhren, kriecht am Rande von Behältern hoch und zeigt weitere ungewöhnliche Fähigkeiten. Da Helium-4 ein Boson ist, lässt sich das wieder durch die Bose-Einstein-Kondensation verstehen – alle Atome befinden sich bei tiefen Temperaturen kollektiv im Grundzustand. Die Entartungs-temperatur für Helium-4 liegt bei etwa 3 Kelvin, so dass die Eigen-schaft als Supraflüssigkeit schon kurz darunter einsetzt. Bei Helium-3 als Fermion sollte man ein solches Verhalten allerdings nicht erwar-ten. Tatsächlich tritt die Supraflüssigkeitseigenschaft aber auch für dieses Isotop auf, wenngleich erst bei viel kleineren Temperaturen, nämlich etwa drei tausendstel Kelvin (die Entartungstemperatur liegt mit 5 Kelvin etwas über der von Helium-4). Wie ist das möglich? Wie bei Supraleitern bilden sich bei dieser niedrigen Temperatur Cooper-Paare aus – das sind Bosonen, die dann alle in den Grundzu-stand kondensieren können. Auch die Supraflüssigkeiten bilden also wieder einen kollektiven Quantenzustand von makroskopisch vielen Teilchen. Im Unterschied zu den in Kap. 4.3 betrachteten Situationen handelt es sich aber nicht um eine Superposition von makroskopisch unterschiedlichen Zuständen, so dass es nicht zur Dekohärenz kommt.

In den eben diskutierten Fällen liegt die Bose-Einstein-Kondensa-tion nie in reiner Form vor, da noch Wechselwirkungen zwischen den Atomen vorhanden sind. So nimmt auch bei sehr kleinen Tempera-turen nur ein Bruchteil der Helium-4-Atome tatsächlich an der Kon-densation teil. Um die Wechselwirkungen auszuschalten, benötigt man Gase, die man auf sehr viel kleinere Temperaturen (von der Grö-ßenordnung Mikrokelvin und darunter) abkühlen muss, was große Anforderungen an die Kühltechnik stellt. So konnte Bose-Einstein-Kondensation in Reinkultur erst 1995 von zwei Gruppen in den USA (um Eric Cornell und Carl Wieman in Boulder sowie Wolfgang Ketter-le am Massachusetts Institute of Technology) beobachtet werden, und zwar an Rubidium bzw. Natrium. Mit einem solchen Kondensat kann man auch einen so genannten Atomlaser herstellen, indem man mit Radiowellen Atome aus dem Kondensat herauslöst. Analog zum herkömmlichen Laser (**Quantensysteme im elektromagnetischen** **S.81** **Feld**) wird hierdurch ein kohärenter Atomstrahl erzeugt, in dem alle

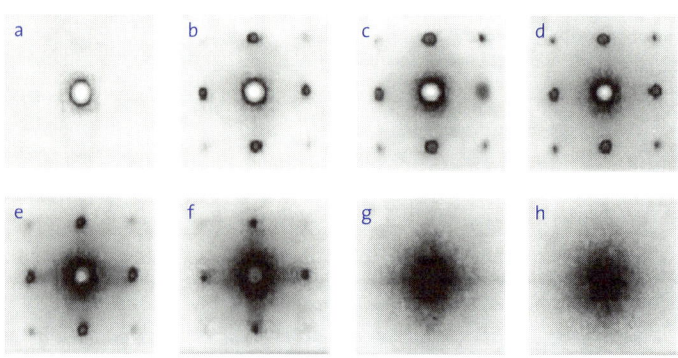

Abbildung 37: Übergang zwischen »Supraflüssigkeit« und Mott-Isolator

Atome die gleiche de Broglie-Wellenlänge haben – nur dass der Atom-laser eben mit Atomen statt Photonen arbeitet.

Mit einem Bose-Einstein-Kondensat lassen sich eine Reihe von in-teressanten Fragen experimentell behandeln. Eine Frage betrifft so genannte Quanten-Phasenübergänge. Klassische Phasenübergänge werden durch thermische Fluktuationen angetrieben; ein Beispiel ist das Schmelzen von Eis. Quanten-Phasenübergänge hingegen erfol-gen beim absoluten Temperaturnullpunkt. Im Jahr 2002 berichtete eine Gruppe von Physikern an der Universität München und dem Max-Planck-Institut für Quantenoptik in Garching von einem Experi-ment, bei dem ein solcher Übergang beobachtet werden konnte. Er erfolgt zwischen dem »supraflüssigen« Zustand eines Systems von verdünnten kalten Atomen und dessen »nicht-supraflüssigen« Zu-stand (man spricht dann von einem Mott-Isolator). Man kann das System durch ein periodisches Potential beschreiben – im einfach-sten Fall eine periodische Wiederholung des harmonischen Oszilla-tors von Abb. 12. Der Übergang zwischen den Phasen wird durch eine Änderung der Potentialtiefe erreicht. In zwei Dimensionen kann man sich dies durch einen Eierkarton veranschaulichen, bei dem die Tiefe der Mulde verändert wird (das Experiment erfolgte in drei Dimensionen). Bei kleiner Tiefe können die Wellenfunktionen der verschiedenen Atome überlappen, und es bildet sich eine kohärente Wellenfunktion aus; dies entspricht dem supraflüssigen Zustand. Bei großer Tiefe sind die Atome in ihrem jeweiligen Potential lokalisiert; dies entspricht der Mott-Phase. Nachweisen lässt sich der Übergang, indem man die Atome sich frei bewegen lässt. Falls die Wellenfunktion in Phase ist, kommt es zur Interferenz, ansonsten nicht. Dieser Übergang ist in Abb. 37 dargestellt, wobei die Tiefe des Potentials von Abb. 37a–h systematisch erhöht wird. Der Übergang zwischen Interferenzmuster und keinem Interferenzmuster erfolgt irgendwo zwischen f und g.

Quanteninformation

Die Existenz verschränkter Zustände ist das Hauptcharakteristikum der Quantentheorie. Sie ist der Grund für die paradox anmutenden Züge, wie sie sich insbesondere in der Diskussion des EPR-Problems und der Verletzung der Bell'schen Ungleichungen (Kap. 4) offenbaren. Während es sich bei den dort diskutierten Tests um sehr spezielle experimentelle Situationen handelt, stehen verschränkte Zustände bei der Quanteninformation im Mittelpunkt von (zumindest geplanten) konkreten Anwendungen. Das Gebiet der Quanteninformationsverarbeitung wird erst seit den neunziger Jahren des 20. Jahrhunderts intensiv betrieben. Im Folgenden sollen deren Hauptzweige – Quantencomputer, Quantenteleportation und Quantenkryptographie – kurz beschrieben werden.

Die Einheit der Quanteninformation ist das »Quantenbit« (kurz: Qubit). Unter einem klassischen Bit versteht man bekannterweise die Alternative zwischen 0 und 1 (Strom ein bzw. aus, Loch oder kein Loch bei einer CD etc.). Das Quantenbit besteht aus zwei quantenmechanischen Zuständen, die man meistens mit $|0\rangle$ und $|1\rangle$ bezeichnet.

Realisiert werden diese Qubits durch alle Systeme, die zwei verschiedene Niveaus (genauer: zwei relevante Niveaus) haben: Spin- zustände eines Fermions, zwei diskrete Niveaus eines Atoms oder Ions, die beiden Polarisationszustände eines Photons etc. Das Entscheidende ist nun, dass es wegen des Superpositionsprinzips nicht nur die beiden Zustände gibt, sondern auch alle Superpositionen $A \cdot |0\rangle + B \cdot |1\rangle$ mit Zahlen A und B. Das entspricht der Situation bei einem Teilchen. Bei zwei Teilchen gibt es bereits vier Möglichkeiten für die beiden Qubits, da jedes Teilchen im Zustand $|0\rangle$ oder $|1\rangle$ sein kann. Bei drei Teilchen sind das $2^3 = 8$ Möglichkeiten (beispielsweise benötigt der in Kap. 4.2 erwähnte GHZ-Zustand eine Verschränkung von drei Qubits), bei N Teilchen also 2^N Möglichkeiten. Ein so genannter Quantenspeicher sollte also durch Ausnützung des Superpositionsprinzips bis zu 2^N Zahlen gleichzeitig speichern können (im Unterschied zu N Zahlen bei einem klassischen Speicher); das entspricht einem exponentiellen Wachstum in N. Ein Quantenspeicher mit mehr als 250 Atomen könnte also mehr Zahlen gleichzeitig speichern, als es Atome im Universum gibt.

Ein Quantencomputer soll diese Verschränkungen ausnützen, um gleichzeitig 2^N Rechnungen durchzuführen (statt 2^N-mal hintereinander). Wie soll man aber das Ergebnis einer solchen Rechnung erfahren? Schließlich kann nach den Regeln der Quantentheorie nur eines der 2^N Resultate mit der entsprechenden Wahrscheinlichkeit abgelesen werden. Das Interesse an Quantencomputern ist sprunghaft angestiegen, nachdem Peter Shor 1994 diese Frage für ein interessantes Rechenproblem beantworten konnte. Es handelt sich um die Faktorisierung von großen Zahlen in Primzahlen, die sich mit Quantencomputern wesentlich schneller als mit herkömmlichen Rechnern bewerkstelligen ließen. Die Lösung ist analog zu einem Interferenzexperiment, das ja ebenfalls Information über alle Möglichkeiten enthält. Viele der heutigen Sicherheitssysteme (z.B. bei elektronischen Bankgeschäften) beruhen darauf, dass es mit klas-

sischen Methoden praktisch unmöglich ist, große Zahlen zu faktori-
sieren (es würde Zeiträume erfordern, die größer als das Alter des
Universums sind). Diese Sicherheitssysteme wären alle hinfällig, sobald es den ersten Quantencomputer mit ausreichender Komplexi-
tät gäbe. Bisher sind allerdings erst einfache Operationen durchgeführt worden (etwa die Faktorisierung der Zahl 15). Ignacio Cirac und
Peter Zoller von der Universität Innsbruck haben 1995 den ersten konkreten, mit gespeicherten Ionen arbeitenden, Quantencomputer
vorgeschlagen.

Damit ein Quantencomputer überhaupt sinnvoll arbeiten kann,
muss er hinreichend vor störenden Einflüssen der Umgebung abge-
schirmt werden (bei den Ionen beispielsweise vor der Wechselwirkung mit den Atomen des Restgases). Andernfalls kommt es zu der
in Kap. 4.3 diskutierten Dekohärenz, und die Superposition wird lokal
zu einem klassischen Gemisch. Andererseits muss der Quantencomputer eine Wechselwirkung mit der Umgebung aufweisen, die stark
genug ist, um ihn zu kontrollieren. Es stellt eine große experimentelle
Herausforderung dar, hier den geeigneten Mittelweg zu finden. Inzwischen sind Verfahren zur Fehlerkorrektur entwickelt worden, doch
bleibt abzuwarten, ob ein realistischer Quantencomputer vor der Dekohärenz geschützt werden kann.

Bei der Quantenteleportation geht es darum, die Eigenschaften eines Quantenzustandes über beliebige Entfernungen hinweg unge-
stört zu übermitteln. Wie bereits in Kap. 2.2 erwähnt, ist ja die Herstellung einer exakten Kopie eines Quantenzustandes (das »Klonen«)
nicht möglich. In Situationen, in denen es um Senden und Empfan-
gen geht, bezeichnet man den Absender meistens als Alice (kurz: A)
und den Empfänger als Bob (kurz: B). Bei der Quantenteleportation
soll Alice die Eigenschaften eines unbekannten Zustandes Ψ zu Bob
übertragen. Das Prinzip ist in Abb. 38 skizziert. Aus einer Quelle verschränkter Photonenpaare wird ein Photon an Alice, ein Photon an
Bob geschickt. Der Zustand der Photonen ist analog zur Situation

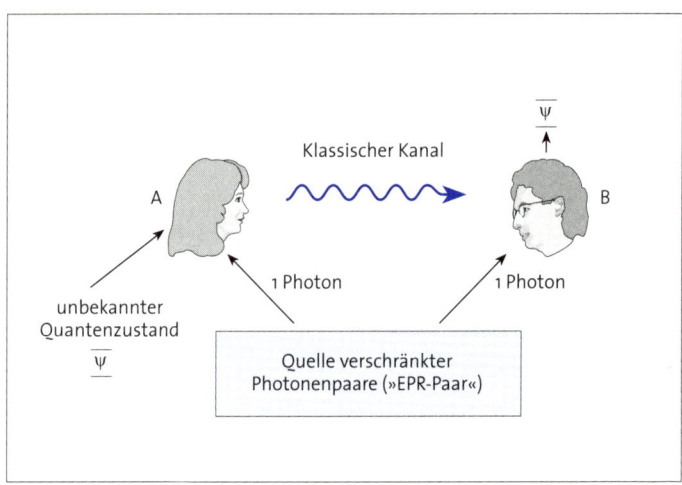

Klassischer Kanal

A

B

1 Photon

1 Photon

unbekannter
Quantenzustand

Quelle verschränkter
Photonenpaare (»EPR-Paar«)

Abbildung 38: Quantenteleportation

beim EPR-Problem (Kap. 4.1). Alice verschränkt nun den zu teleportie-
renden Quantenzustand Ψ (der ihr nicht bekannt zu sein braucht)
mit ihrem Photon aus dem verschränkten Paar. Durch eine bestimmte Art von Messung (eine so genannte »Bell-Messung«) erhält sie
hieraus eine von vier Möglichkeiten. Für jede dieser Möglichkeiten ist
Bobs Photon in einem bestimmten Zustand, der auf eindeutige
Weise mit Ψ verknüpft ist. Über einen klassischen Kanal teilt Alice
dann Bob ihr gefundenes Ergebnis mit, woraufhin Bob durch eine von
vier Operationen den ursprünglichen Zustand Ψ herstellen kann.
Tatsächlich wird hierbei also nichts teleportiert, es werden nur die
Eigenschaften von Ψ übertragen. Da hierzu keine Information über
Ψ benötigt wird, kann jeder Zustand quantenteleportiert werden.
Die Relativitätstheorie wird natürlich nicht verletzt, da die Mittei-
lung von Alice an Bob über einen klassischen Kanal verläuft und deshalb nicht schneller als mit Lichtgeschwindigkeit erfolgen kann. Die
experimentelle Verwirklichung der Quantenteleportation gelang

zum ersten Mal 1997 in Innsbruck (Gruppe von Anton Zeilinger) und Rom (Gruppe von Francesco de Martini).

Das Ziel der Quantenkryptographie ist die Verschlüsselung geheimer Nachrichten. Es wurde oben bereits die Faktorisierung großer Zahlen in Primzahlen erwähnt. Im Unterschied zu dem dabei benutzten »öffentlichen Schlüssel« gibt es Methoden, die mit »geheimen Schlüsseln« arbeiten. Ein klassisches Verfahren besteht darin, zu einer (binär kodierten) Nachricht eine Zufallsfolge von Nullen und Einsen (den Schlüssel) zu addieren. Die Unsicherheit bei dieser Methode liegt nur in der Übermittlung dieses Schlüssels, da diese belauscht werden könnte. Die Quantentheorie garantiert hingegen eine absolut sichere Übertragung des Schlüssels, da die Anwesenheit eines Spions festgestellt werden kann.

Ein Beispiel für Quantenkryptographie benutzt wieder eine EPR-artige Situation, bei der sich Alice und Bob verschränkte Photonenpaare teilen (vgl. Abb. 25 zu den Bell'schen Ungleichungen). Die beiden benutzen jeweils drei mögliche Stellungen für ihre Polarisatoren und notieren die Orientierung und das Ergebnis jeder Messung. Nach einer genügend großen Zahl von Messungen vergleichen sie öffentlich die notierten Stellungen. Ein eventuell vorhandener Spion würde durch seine Messung nun unweigerlich die Verschränkung des Photonenpaars zerstören. Alice und Bob könnten dies daran erkennen, dass die Bell'schen Ungleichungen nie verletzt wären. Sind die Ungleichungen verletzt, so kann man der Übermittlung trauen, und der geheime Schlüssel ergibt sich aus den korrelierten Messergebnissen (bei gleicher Stellung der Polarisatoren kennt jeder der beiden wegen der Korrelation das Messergebnis des anderen). Es geht also bei der Quantenkryptographie nur um die Übermittlung des Schlüssels, nicht der Botschaft selbst. Wie bereits in Kap. 2.2 erwähnt, ist es 1997 (durch die Gruppe von Nicolas Gisin in Genf) gelungen, nichtlokale Korrelationen dieser Art über eine Entfernung von mehr als zehn Kilometern herzustellen.

Quantenfeldtheorie

In der bisherigen Diskussion der Quantentheorie wurden Effekte der Relativitätstheorie nicht berücksichtigt. Für Geschwindigkeiten viel kleiner als die Lichtgeschwindigkeit ist dies sicher eine gute Näherung. Die Schrödinger-Gleichung ist nur in diesem nichtrelativistischen Grenzfall gültig. Für Photonen, die sich mit Lichtgeschwindigkeit bewegen, gilt diese Näherung natürlich nicht mehr. Hierfür muss ein erweiterter Rahmen konstruiert werden.

Wir haben bereits in Kap. 3.2 gesehen, welche wichtige Rolle Symmetrien für die Formulierung von Naturgesetzen spielen. Gemäß der Speziellen Relativitätstheorie darf sich die Form dieser Gesetze nicht ändern, wenn man von einem gleichförmig bewegten Bezugssystem (einem so genannten Inertialsystem) in ein anderes Inertialsystem wechselt, wobei die Lichtgeschwindigkeit in allen Inertialsystemen konstant gleich c ist. Dieser Übergang schließt Drehungen, Verschiebungen in Raum und Zeit sowie eine Transformation auf eine andere konstante Geschwindigkeit ein. Mathematisch wird eine solche Transformation durch die so genannte Poincaré-Gruppe beschrieben. Das Bestehen dieser Symmetrie in der Quantentheorie führt nun zu viel stärkeren Einschränkungen, als es in der nichtrelativistischen Quantentheorie der Fall ist. Insbesondere stellt sich heraus, dass Wechselwirkungen konsistent nur noch im Rahmen einer Quantenfeldtheorie beschrieben werden können, nicht mehr im Rahmen von Punktteilchen (eines so genannten »Einteilchenbildes«). Eine Feldtheorie besitzt unendlich viele Freiheitsgrade, da jedem Punkt in Raum und Zeit eine Feldstärke zugeordnet wird. Der Elektromagnetismus wird bereits klassisch durch eine Feldtheorie (mit elektrischer und magnetischer Feldstärke) beschrieben, so dass hierfür die Konstruktion einer Quantenfeldtheorie nahe liegt. Darüber hinaus müssen aber auch Elektronen und alle anderen »Teilchen« durch eine Feldtheorie beschrieben werden.

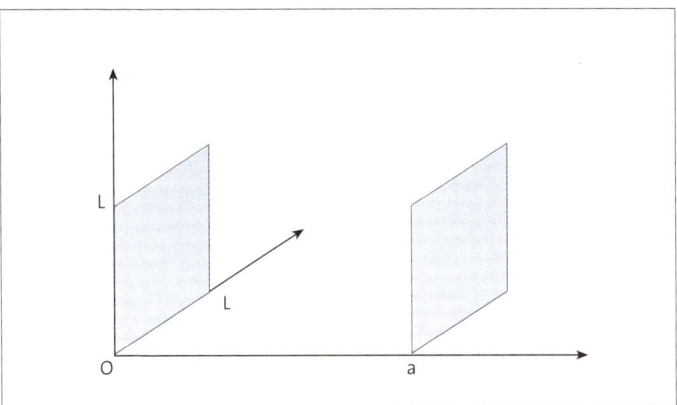

Abbildung 39: Zum Casimir-Effekt

Solange Wechselwirkungen keine Rolle spielen, die Geschwindigkeiten im Vergleich zu c aber nicht vernachlässigt werden dürfen, ist das Einteilchenbild noch brauchbar. Es müssen nur statt der Schrödinger-Gleichung Wellengleichungen benutzt werden, welche die Symmetrie der Relativitätstheorie respektieren. Für Fermionen wie das Elektron ist das die so genannte Dirac-Gleichung. Mit dieser Gleichung erhält man automatisch die am Ende von Kap. 3.3 erwähnten Korrekturen zum Spektrum des Wasserstoffatoms. Die Dirac-Gleichung suggeriert auch, dass es neben dem Elektron ein gleichartiges Teilchen geben muss, das sich nur in der elektrischen Ladung (positiv statt negativ) von dem Elektron unterscheidet. Man spricht hier von einem Antiteilchen und nennt es Positron. Es wurde 1932 entdeckt. Aus der Quantenfeldtheorie (und der Forderung nach positiver Energie) folgt ganz allgemein die Existenz von Antiteilchen mit entgegengesetzter Ladung, aber gleicher Masse. Auch der bereits in Kap. 2.4 erwähnte Zusammenhang zwischen Spin und Statistik (der Tatsache, dass Fermionen dem Pauli-Prinzip unterliegen) folgt notwendigerweise in der Quantenfeldtheorie.

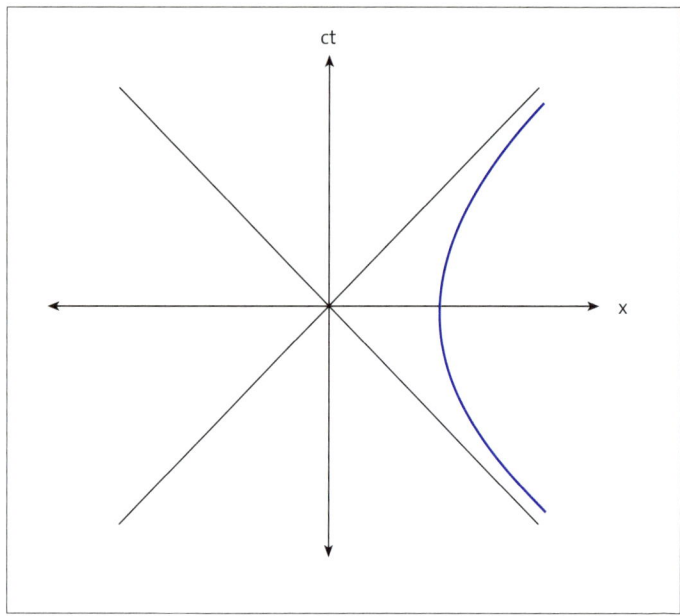

Versucht man ein Teilchen wie das Elektron auf eine Länge kleiner als von der Größenordnung der Compton-Wellenlänge (4) zu lokalisieren, so wird nach der Unbestimmtheitsrelation ein derartig großer Impuls benötigt, dass die zugehörige Energie größer als die doppelte Ruheenergie, in diesem Fall also größer als $2m_e c^2$ (nach der berühmten Einstein'schen Formel) wird. Es können dann Paare von Elektronen und Positronen aus dem Vakuum entstehen. Nach der Energie-Zeit-Unschärfe (15) können Teilchen auch für eine sehr kurze Zeit aus dem Vakuum entstehen und wieder vergehen (die Zeit muss so kurz sein, damit die entsprechende Energieunschärfe groß genug ist, um die Masse des Teilchens zu ergeben). Man spricht dann von virtuellen Teilchen. Sie spielen im Formalismus der Quantenfeldtheorie eine wichtige Rolle (z.B. in den so genannten »Feynman-Diagrammen«, mit denen Prozesse auf übersichtliche Art berechnet werden können).

Die Wechselwirkung von Photonen mit geladenen Teilchen wird sehr erfolgreich durch eine Quantenfeldtheorie beschrieben, die Quantenelektrodynamik. Das damit berechnete magnetische Moment des Elektrons etwa stimmt bis zur siebten Kommastelle mit dem experimentell bestimmten Wert überein, was einen der größten Erfolge der Theorie darstellt. Die Wechselwirkung von Atomen mit virtuellen Teilchen führt zu der in Kap. 3.3 erwähnten kleinen Verschiebung von Energieniveaus im Wasserstoffatom – der so genannten Lamb-Verschiebung. Auch bei ihr stimmen Theorie und Experiment eindrucksvoll überein. Ein Phänomen aus der Alltagswelt ist die blaue Farbe des wolkenlosen Himmels – sie kann in der Quantenelektrodynamik dadurch erklärt werden, dass die elastische Streuung von Licht an Teilchen, deren Größe klein gegen die Wellenlänge des Lichtes ist, zu einer Intensität führt, die umgekehrt proportional zur vierten Potenz der Wellenlänge ist; deswegen werden kleinere Wellenlängen (blaues Licht) stärker gestreut als größere Wellenlängen (rotes Licht).

Der Symmetriebegriff ist in der Elementarteilchenphysik derart grundlegend, dass er sogar zur Definition von Elementarteilchen herangezogen wird: So werden die verschiedenen Teilchen durch ihr Transformationsverhalten in Bezug auf die Poincaré-Gruppe charakterisiert. Symmetrien werden auch dazu benutzt, nach fundamentaleren Theorien zu suchen. So hat man theoretisch sehr eingehend die so genannte Supersymmetrie untersucht, welche es gestattet, Fermionen und Bosonen in einer einheitlichen Sprache zu beschreiben. Bisher gibt es aber noch keinen experimentellen Anhaltspunkt für die Annahme, dass die Supersymmetrie in der Natur tatsächlich realisiert ist.

Vernachlässigt man Wechselwirkungen, so spricht man von einem freien Quantenfeld. Ein freies Quantenfeld lässt sich als Summe unendlich vieler harmonischer Oszillatoren auffassen. Da selbst im Grundzustand jeder Oszillator eine nichtverschwindende Energie besitzt, siehe (13), würde hieraus selbst für das Vakuum eine unendlich große Energie folgen – was offensichtlich Unsinn ist. Wie groß ist aber die Energie des Vakuums? Solange man die Gravitation unberücksichtigt lässt, sind nur Energiedifferenzen von Bedeutung. Aus diesem Grund ist es konsistent, der Vakuumenergie im leeren Raum den Wert Null zuzuschreiben, da alle angeregten Zustände die gleiche Art von Unendlichkeit aufweisen, die in der Differenz also herausfällt.

Interessant ist aber, dass die Energie tatsächlich kleiner als null werden kann. Das ist für den so genannten Casimir-Effekt der Fall: Zwei parallele leitende Platten im Vakuum ziehen sich an, was zum Ausdruck bringt, dass die Energie zwischen den Platten negativ ist (Abb. 39). Beträgt der Abstand der Platten a, so hat die anziehende Kraft die Größe

$$F = -\frac{\pi^2}{240}\frac{\hbar c}{a^4} \ . \tag{32}$$

Obwohl diese Kraft außerordentlich klein ist, konnte der Casimir-Effekt im Jahr 1997 tatsächlich mit großer Genauigkeit experimentell bestätigt werden.

Die Definition des Vakuums ändert sich nicht, wenn man von einem Bezugssystem in ein anderes übergeht, das sich relativ dazu gleichförmig bewegt, d.h. wenn man von einem Inertialsystem in ein anderes wechselt. Erstaunlicherweise bleibt aber der Vakuumbegriff beispielsweise beim Übergang zu einem gleichförmig beschleunigten Beobachter nicht mehr invariant. In Abb. 40 ist das Raum-Zeit-Diagramm für einen solchen Beobachter dargestellt, der sich in x-Richtung bewegt. Er folgt in diesem Diagramm einer Hyperbel (im rechten Teil dargestellt), die sich asymptotisch den Linien für Lichtstrahlen (den beiden Winkelhalbierenden) annähert. Es stellt sich heraus, dass ein solcher Beobachter Teilchen wahrnimmt, die thermisch verteilt sind, sich also durch eine Temperatur beschreiben lassen – und das in dem gleichen Raum, der für einen inertial bewegten Beobachter leer ist!

Bezeichnet man die Beschleunigung mit b, so lautet die Temperatur (nach William Unruh oft als »Unruh-Temperatur« bezeichnet)

$$T = \frac{\hbar b}{2\pi c k_B} \quad . \tag{33}$$

Der sich ergebende Zahlenwert ist allerdings im Allgemeinen sehr klein: So beträgt die Temperatur bei einer Beschleunigung von einem Zentimeter pro Sekunde im Quadrat nur etwa 10^{-23} Kelvin. Allerdings treten in Teilchenbeschleunigern oder bei Lasern mit sehr hoher Intensität große Beschleunigungen auf, weshalb dort nach diesem Effekt gesucht wird.

Die Ursache für diesen Unruh-Effekt ist ähnlich wie beim Casimir-Effekt: Die Quantentheorie erlaubt negative Energien. Es stellt sich nämlich heraus, dass der beschleunigte Beobachter einen anderen Vakuumbegriff hat; sein Vakuum hat eine negative Energie. Da der übliche leere Raum aber die Energie null hat, sieht der beschleunigte Beobachter darin Teilchen mit positiver Energie. Formal hat der Zustand des leeren Raumes die gleiche Struktur wie der Grundzustand eines Supraleiters (**Festkörper und Quantenflüssigkeiten**). Die **S. 87** Korrelation zwischen der linken Seite und der rechten Seite des Raumzeitdiagramms in Abb. 40 entspricht gerade den Korrelationen zwischen den Cooper-Paaren.

Ganz allgemein ändert sich der Vakuumbegriff bei Anwesenheit äußerer Felder. Ist etwa ein konstantes elektrisches Feld vorhanden, so scheint das Vakuum mit Teilchenpaaren gefüllt zu sein, z. B. Paaren von Elektronen und Positronen. Man spricht in diesem Fall etwas salopp von Teilchenerzeugung. Besondere Brisanz gewinnen diese Begriffe, wenn ein Gravitationsfeld vorhanden ist.

Quantentheorie und Gravitation

Im Bereich der Atome ist die Gravitationskraft üblicherweise vernachlässigbar klein. So ist sie etwa für das Wasserstoffatom 10^{39}-mal geringer als die elektromagnetische Kraft, die somit für den Aufbau von Atomen und Molekülen entscheidend ist (vgl. Kap. 3). Aus diesem Grund hat man erst in den letzten Jahrzehnten damit begonnen, Quanteneffekte von Neutronen und Atomen im Gravitationsfeld der Erde zu studieren. In einem 2001 durchgeführten Experiment der Gruppe um Valery Nesvizhevsky am Institut Laue-Langevin in Grenoble ist es gelungen, den Grundzustand eines Neutrons im Gravitationsfeld der Erde zu beobachten sowie Hinweise auf die ersten angeregten Zustände zu bekommen. Das Potential hierfür setzt sich aus zwei Anteilen zusammen. Auf der Höhe $z=0$ befindet sich ein Spiegel, von dem die Neutronen abprallen. Mit wachsender Höhe z nimmt das Potential des Gravitationsfelds linear zu, gemäß der Formel $V(z)=mgz$ aus der Newton'schen Mechanik, worin m die Neutronenmasse und g die Erdbeschleunigung bedeuten. In Abb. 41 sind die Quadrate der ersten drei Eigenfunktionen für das Neutron in diesem Potential dargestellt. Man erkennt, dass die Wellenfunktionen rechts ein wenig in den klassisch verbotenen Bereich eindringen können. Wegen der geringen Stärke der Gravitationskraft sind die Energiewerte für diese Zustände extrem klein: Sie sind von der Größenordnung Picoelektronenvolt (1 peV = 10^{-12} eV). Man vergleiche dies mit den 13,6 eV beim Wasserstoffatom (Kap. 3.3)!

Die meisten Anwendungen der Quantentheorie beziehen sich auf die Mikrophysik. Da auch makroskopische Materie aus Atomen aufgebaut ist, sollte die Theorie auf allen Skalen relevant sein. Das ist in der Tat der Fall – die Quantentheorie legt die wichtigsten Strukturen im Kosmos fest. Dort ist aber die Gravitation die dominierende Wechselwirkung, weshalb das Verhältnis von Gravitation und Quantentheorie von besonderem Interesse ist. Im Folgenden seien insbe-

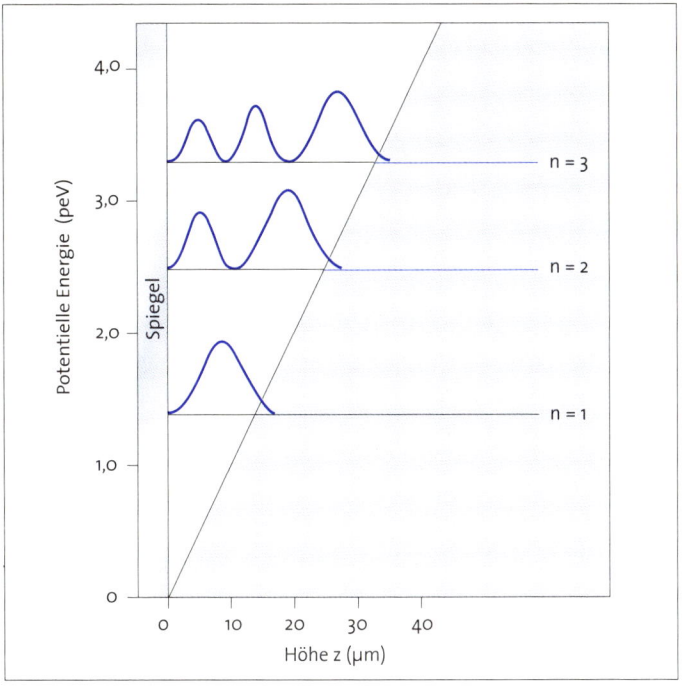

Abbildung 41: Potentialwall, durch einen Spiegel und das Erdgravitationsfeld gebildet. Gezeigt sind die Energieniveaus und die Quadrate der Wellenfunktionen.

sondere Sterne, Endstadien der Sternentwicklung sowie das Universum als Ganzes diskutiert.

Normale Sterne leuchten, weil sie Wasserstoff zu Helium und schwereren Elementen verbrennen. Bei den entsprechenden Kernprozessen spielt die Quantentheorie eine entscheidende Rolle, da ohne den Tunneleffekt diese Prozesse nicht so ablaufen könnten (siehe Kap. 3.1). Der entstehende Strahlungsdruck wirkt bei Sternen der anziehenden Wirkung der Gravitation entgegen und ermöglicht die Existenz eines Gleichgewichts. Was passiert, wenn der Brennstoff aufgebraucht ist? Der Stern kollabiert, und es stellt sich die Frage, ob es weitere Kräfte geben kann, die den Gravitationskollaps aufhalten können.

Tatsächlich liefert die Quantentheorie den entscheidenden Schlüssel für die Existenz solcher Kräfte. Werden die Dichten während des Kollapses größer, so wehren sich die Elektronen immer stärker dagegen, zusammengepresst zu werden – der Grund ist wieder das Pauli-Prinzip, das auch den Atomaufbau regelt (vgl. Kap. 2.4 und 3.4). Wie in Metallen werden die Elektronen entartet. Es stellt sich heraus, dass ein Gleichgewicht zwischen Entartungsdruck und Gravitation möglich ist. Die entsprechenden Sterne bezeichnet man als Weiße Zwerge. Interessanterweise existiert eine obere Grenze für die Masse dieser Objekte, die erreicht wird, wenn sich die Elektronen bereits mit Geschwindigkeiten nahe der Lichtgeschwindigkeit bewegen. Diese Grenzmasse bezeichnet man nach dem indischen Physiker Subrahmanyan Chandrasekhar als Chandrasekhar-Grenzmasse. Sie wird allein durch fundamentale Parameter bestimmt. In Analogie zur Feinstrukturkonstante (22) kann man eine für die Gravitation charakteristische Größe definieren, die sich aus Protonmasse m_p, Gravitationskonstante G sowie $\hbar$ und c zusammensetzt und die eine reine Zahl ist. Sie ist durch den Ausdruck

$$\alpha_G = \frac{m_p^2 G}{\hbar c} \approx 6 \times 10^{-39} \tag{34}$$

gegeben und heißt auch »Feinstrukturkonstante der Gravitation«. Die Chandrasekhar-Grenzmasse M_C ist dann durch

$$M_C = m_p \alpha_G^{-3/2} \tag{35}$$

gegeben, was etwa 1,4 Sonnenmassen entspricht. Das Wirkungsquantum $\hbar$ legt also indirekt diese makroskopische Masse fest und damit auch die Größenordung der Massen leuchtender Sterne. Die Lebensdauer eines normalen Sterns ist direkt proportional zu $\hbar^2$. Die typische Größe eines Weißen Zwergs ist durch den Radius

$$R_C \approx \lambda_c \, \alpha_G^{-1/2} \qquad\qquad (36)$$

gegeben, wobei λ_c die Compton-Wellenlänge (4) des Elektrons ist. Der Wert von R_C liegt bei einigen tausend Kilometern.

Gibt es bei größeren Dichten weitere Gleichgewichtszustände? Es können sich hierbei Elektronen und Protonen zu Neutronen vereinigen. Da auch Neutronen Fermionen sind, führen auch sie wegen des Pauli-Prinzips zu einem Entartungsdruck, der den Gravitationskollaps aufhalten kann. Die entsprechenden Objekte bezeichnet man als Neutronensterne. Deren Grenzmasse liegt bei etwa drei Sonnenmassen, was etwas über der Chandrasekhar-Grenzmasse (35) liegt. Die typische Größe eines Neutronensterns ist aber viel kleiner als die eines Weißen Zwergs, da sie durch die Compton-Wellenlänge des Neutrons statt die des Elektrons gegeben ist. Das macht etwa einen Faktor tausend aus, weshalb Neutronensterne nur etwa zehn Kilometer groß sind. Das Größenverhältnis von Neutronensternen zu Weißen Zwergen ist also gerade durch das Verhältnis von Compton-Wellenlänge des Neutrons zu jener des Elektrons gegeben – eine faszinierende Verquickung von Mikro- und Makrophysik.

Ab einer Masse von etwa drei Sonnenmassen kann der Gravitationskollaps eines Sterns (vorausgesetzt, er gibt keine Masse ab) nicht mehr aufgehalten werden. Die Allgemeine Relativitätstheorie sagt voraus, dass der Kollaps dann zu einem Schwarzen Loch führen muss. Ein Schwarzes Loch bezeichnet ein Gebiet der Raum-Zeit, durch das keine Information mehr, nicht einmal Licht, nach außen dringen kann – zumindest im Rahmen der klassischen Physik. Im einfachsten Fall eines kugelsymmetrischen Loches ist die äußere Grenze dieses Gebietes (welche man als Horizont bezeichnet) durch den so genannten Schwarzschild-Radius $R_S = 2GM/c^2$ gegeben, worin M die Masse bezeichnet. Beträgt die Masse eine Sonnenmasse, so beträgt der Schwarzschild-Radius nur drei Kilometer! Schwarze Löcher sind also äußerst kompakte Objekte. Trägt man für Strukturen im

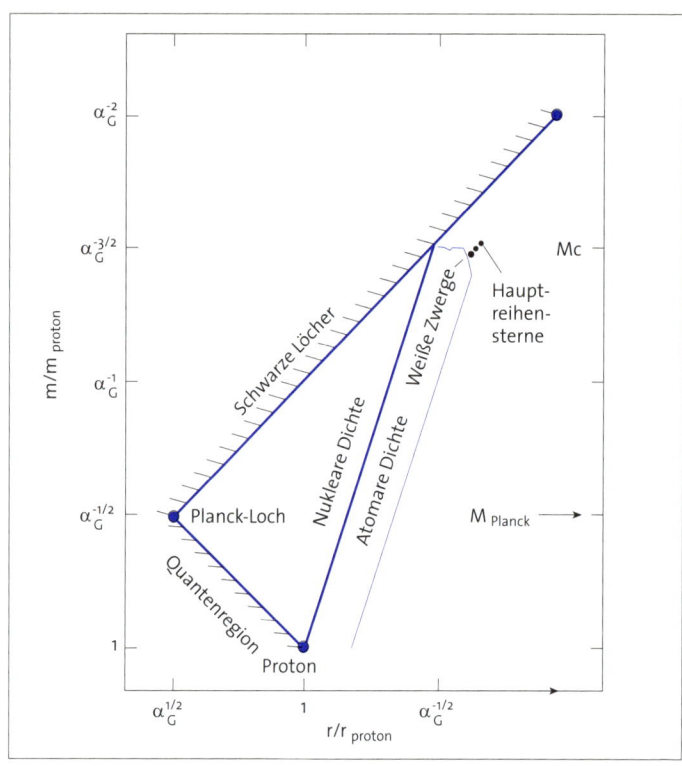

Abbildung 42: Strukturen im Kosmos

Kosmos deren Masse (in Einheiten der Protonenmasse) gegen deren Radius (in Einheiten des Protonenradius) auf, erkennt man, dass wichtige Strukturen bei einfachen Potenzen von α_G auftreten (Abb. 42).

Ein neuartiges Phänomen ergibt sich, wenn die Quantentheorie ins Spiel kommt. Schwarze Löcher geben dann thermische Strahlung ab (Hawking-Effekt). Die Temperatur beträgt

$$T = \frac{\hbar\kappa}{2\pi c k_B} \quad . \tag{37}$$

Hierin bezeichnet κ die so genannte Oberflächenbeschleunigung des Schwarzen Loches; sie entspricht der Kraft, die man weitab vom Loch aufwenden muss, um eine kleine Testmasse in der Nähe des Horizontes zu halten. Man erkennt, dass die »Hawking-Temperatur« (37) proportional zu $\hbar$ ist, also nur aufgrund der Quantentheorie zustande kommt. Eine heuristische Erklärung benutzt die Unbestimmtheitsrelation. So können im Rahmen der Quantenfeldtheorie Teilchenpaare für eine kurze Zeit entstehen und wieder verschwinden (virtuelle Teilchen, vgl. **Quantenfeldtheorie**). Bei einem Schwarzen **S.100** Loch kann es aber passieren, dass in der Nähe des Horizontes ein Partner eines solchen Paares in das Loch fällt und verloren geht. Das ermöglicht es dem anderen Partner zu entkommen und als »Hawking-Strahlung« sichtbar zu werden. Interessant ist der Vergleich mit der Strahlung, die ein beschleunigter Beobachter im leeren Raum sieht. Ersetzt man in (37) κ durch diese Beschleunigung b, so findet man gerade die Temperatur (33) dieser von dem beschleunigten Beobachter wahrgenommenen Strahlung. Der Grund dafür ist, dass die Raum-Zeit in der Nähe eines Schwarzen Loches ähnlich aussieht wie in Abb. 40.

Für ein kugelsymmetrisches Schwarzes Loch ist $\kappa = c^4/4GM$. Man erhält dann aus (37) für die Hawking-Temperatur den Ausdruck

$$T = \frac{\hbar c^3}{8\pi k_B GM} \quad . \tag{38}$$

Für ein Schwarzes Loch mit einer Sonnenmasse entspricht das der winzigen Temperatur von 10^{-7} Kelvin. Aus diesem Grund kann der Hawking-Effekt bei Schwarzen Löchern, die aus dem Gravitationskollaps von Sternen entstehen, nicht beobachtet werden – sie sind einfach zu massiv. Schwarze Löcher mit kleineren Massen könnten im frühen Universum entstanden sein. Da man ein solches »primordiales Loch« noch nicht beobachtet hat, konnte der Hawking-Effekt bisher nicht experimentell bestätigt werden. Es wird aber intensiv nach solchen primordialen Löchern gesucht.

In (38) fällt auf, dass die fundamentalen physikalischen Konstanten $\hbar$, c und G in einer Formel vereinigt sind. In der Tat weist der Hawking-Effekt auf eines der wichtigsten offenen Probleme der Physik hin: die konsistente Vereinigung von Gravitationstheorie und Quantentheorie zu einer Theorie der Quantengravitation. Das Schwarze Loch verliert durch die Hawking-Strahlung Masse. Da die Masse aber im Nenner von (38) erscheint, wird das Loch dadurch heißer und strahlt noch mehr ab. Am Ende dieser Entwicklung sollte eine völlige Zerstrahlung des Loches stehen. Leider kann dieser Prozess noch nicht berechnet werden, da hierfür die ausstehende Theorie der Quantengravitation benötigt wird. Auch für fundamentale Probleme der Kosmologie wird eine solche Theorie gebraucht. Das betrifft insbesondere den Ursprung der Vakuumenergie, die man in diesem Zusammenhang auch als kosmologische Konstante bezeichnet.

S. 100 Während in der **Quantenfeldtheorie** ohne Gravitation nur Energiedifferenzen eine Rolle spielen, wird ein absolut gegebener Energiewert durch das von ihm erzeugte Gravitationsfeld erkennbar. Seit 1998 deuten Beobachtungen darauf hin, dass die Vakuumenergie in unserem Universum einen kleinen nicht verschwindenden Wert besitzt, was dazu führt, dass das Universum gegenwärtig beschleunigt expandiert. Eine befriedigende Erklärung für die Größe dieser Vakuumenergie steht noch aus.

Bereits 1899 hat Max Planck festgestellt, dass sich aus Wirkungsquantum, Lichtgeschwindigkeit und Gravitationskonstante eine fundamentale Längeneinheit konstruieren lässt, die man ihm zu Ehren als Planck-Länge bezeichnet. Sie ist durch den Ausdruck

$$l_P = \sqrt{\frac{\hbar G}{c^3}} \approx 10^{-33} cm \qquad (39)$$

gegeben. Für ein fiktives Teilchen, dessen Compton-Wellenlänge gleich seinem Schwarzschild-Radius ist, ergibt sich gerade der Wert l_P für beide Größen. Seine Masse ist gleich der Planck-Masse, die in Abb. 42 eingetragen ist. Auf dieser winzigen Skala dürfen Effekte der

Quantengravitation auf keinen Fall mehr vernachlässigt werden. Leider gibt es bisher aus der Beobachtung keinen Hinweis auf die ausstehende Theorie der Quantengravitation. Allerdings existieren theoretische Ansätze, von denen die so genannte Stringtheorie und die so genannte kanonische Quantengravitation die derzeit erfolgversprechendsten sind. Unabhängig von der detaillierten Form der zu findenden Theorie scheint aber festzustehen, dass es sich auf jeden Fall um eine Quantentheorie handelt.

Mathematischer Formalismus

In diesem Abschnitt soll der für die Quantentheorie benötigte mathematische Formalismus kurz skizziert werden. Er ist für die Lektüre der anderen Teile dieses Buches nicht erforderlich.

Wir haben als physikalisches Kernstück der Quantentheorie das Superpositionsprinzip kennen gelernt. Wenn ψ_1 und ψ_2 physikalische Zustände sind, dann auch $\alpha\psi_1 + \beta\psi_1$ mit beliebigen komplexen Zahlen α und β. Aus diesem Grund fordert man, dass der Zustandsraum linear ist.

Darüber hinaus fordert man die Existenz eines inneren Produktes (Skalarproduktes), um die Wahrscheinlichkeitsinterpretation in den Formalismus zu implementieren. Das führt auf den Begriff des Hilbert-Raumes (die Eigenschaft der Vollständigkeit, welche ein Hilbert-Raum noch erfüllt, dient der mathematischen Bequemlichkeit). Quantenmechanische Zustände sind also Elemente (Zustandsvektoren) eines Hilbert-Raumes. Das Skalarprodukt zwischen zwei Zuständen Ψ und Φ bezeichnet man mit $\langle\Psi|\Phi\rangle = \langle\Phi|\Psi\rangle^*$. Die Wahrscheinlichkeit, in einem System, das sich im Zustand Ψ befindet, bei einer Messung den Zustand ψ_n zu finden, lautet dann: $p_n = |\langle\psi_n|\Psi\rangle|^2$. Der benutzte Hilbert-Raum besitzt meistens unendlich viele Dimensionen. So beschreibt man etwa N Teilchen durch Wellenfunktionen $\psi(x_1, ..., x_n)$, die quadratintegrierbar sind, d.h. der Bedingung

$$\int_{-\infty}^{\infty} d^3x_1 \cdot \ldots \cdot d^3x_N \, | \, \psi \, (x_1, \ldots , x_N) \, |^2 < \infty \qquad (40)$$

genügen. Das Integral darf nicht unendlich sein, da es die Wahrscheinlichkeit angibt, die Teilchen irgendwo im Raum zu finden. Üblicherweise wird es auf den Wert eins normiert. Die Bedingung (40) ist eine starke Einschränkung an die physikalisch erlaubten Zustände. Insbesondere führt sie auf die in Kap. 3 diskutierten diskreten Werte für die Energie. Endlichdimensionale Hilbert-Räume spielen vor allem für die Beschreibung des Spins eine Rolle. So ist etwa der Hilbert-Raum für Spin-½ zweidimensional, entsprechend den zwei Einstellmöglichkeiten des Spins in Bezug auf eine vorgegebene Richtung.

Wie beschreibt man die aus der klassischen Physik bekannten Größen wie Ort, Impuls oder Energie in der Quantentheorie? Man bezeichnet sie als Observable und beschreibt sie mathematisch durch selbstadjungierte Operatoren im Hilbert-Raum. Mögliche Messergebnisse sollen den Eigenwerten dieser Operatoren entsprechen. Ein Operator ordnet jedem Zustand Ψ aus seinem Definitionsbereich D_Ψ im Hilbert-Raum eindeutig einen anderen Zustand aus dem Hilbert-Raum zu. Dabei sind sowohl Abbildungsvorschrift als auch Definitionsbereich wichtig. In der Quantentheorie sind nur lineare Operatoren von Bedeutung. Bezeichnet $\hat{A}$ den Operator, so ist $\Psi' = \hat{A}\Psi$ der neue Zustand. Das adjungierte $\hat{A}'$ eines Operators $\hat{A}$ ist über das Skalarprodukt wie folgt definiert:

$$\langle \Psi | \hat{A}' \Phi \rangle = \langle \hat{A} \Psi | \Phi \rangle \qquad (41)$$

für beliebige Zustände Ψ und Φ. Für selbstadjungierte Operatoren gilt $\hat{A} = \hat{A}'$, was die Gleichheit der Definitionsbereiche einschließt. Es gilt der Spektralsatz: Die Menge aller Eigenvektoren eines selbstadjungierten Operators bildet eine Orthonormalbasis für den Hilbert-Raum; man kann also alle Zustände nach dieser Basis entwickeln. Da man einen selbstadjungierten Operator in Bezug auf eine solche Basis auch durch eine (meist unendlichdimensionale) Matrix beschreiben kann, sprach man historisch von »Matrizenmechanik«. Selbstadjungierte Operatoren besitzen immer reelle Eigenwerte, so dass man wie gewünscht die möglichen Messergebnisse durch reelle Zahlen beschreiben kann. Macht man viele Messungen in einem gegebenen Zustand Ψ, so ist der so genannte Erwartungswert (Mittelwert) durch den Ausdruck $\langle\Psi|\hat{A}\Psi\rangle$ (abgekürzt: $\langle\hat{A}\rangle$) gegeben. Da die Messergebnisse gewöhnlich um diesen Erwartungswert herum streuen, definiert man als Maß hierfür die Schwankung $\Delta\hat{A}$ durch den Ausdruck

$$(\Delta\hat{A})^2 = \langle\hat{A}^2\rangle - \langle\hat{A}\rangle^2 . \qquad (42)$$

Diese Begriffe sind der Statistik entnommen. Für selbstadjungierte Operatoren $\hat{A}$ und $\hat{B}$ gilt in einem beliebigen Zustand Ψ die Relation

$$\Delta\hat{A} \cdot \Delta\hat{B} \geq \frac{1}{2} \, |\langle\Psi|\,[\hat{A},\hat{B}]\,\Psi\rangle\,| , \qquad (43)$$

wobei $[\hat{A},\hat{B}] = \hat{A}\hat{B} - \hat{B}\hat{A}$ der so genannte Kommutator ist. Man bezeichnet (43) als allgemeine Unbestimmtheitsrelation. Für den Ortsoperator $\hat{x}$ und den Impulsoperator $\hat{p}$ in einer Raumdimension gilt für deren Kommutator die Beziehung

$$[\hat{x},\hat{p}] = i\hbar . \qquad (44)$$

Mit (43) folgt hieraus die Unbestimmtheitsrelation (10).

  Eine wichtige Klasse von selbstadjungierten Operatoren sind die Projektionsoperatoren $\hat{P}$. Sie projizieren Zustände im Hilbert-Raum auf lineare Teilräume und erfüllen die Beziehung $\hat{P}^2 = \hat{P}$. Ihre Eigenwerte sind 1 (für Vektoren, auf die $\hat{P}$ projiziert) und 0 (für die zum Teilraum orthogonalen Vektoren). Wahrscheinlichkeiten lassen sich auch als Erwartungswerte von Projektionsoperatoren schreiben; so gilt etwa für die oben erwähnte Wahrscheinlichkeit p_n die Beziehung

$$p_n = |\langle\psi_n|\Psi\rangle|^2 = \langle\Psi|\hat{P}_n\Psi\rangle , \qquad (45)$$

wobei $\hat{P}_n$ auf den Zustand ψ_n projiziert.

Man kann Zustände statt im Ortsraum auch bezüglich einer anderen Basis darstellen; man spricht dann beispielsweise von der Impulsdarstellung oder der Energiedarstellung. Die Impulsdarstellung ergibt sich dabei aus der Ortsdarstellung durch eine Fourier-Transformation.

Zustände entwickeln sich in der Zeit aufgrund der Schrödinger-Gleichung. Sie lautet

$$i\hbar \frac{\partial \Psi}{\partial t} = \hat{H}\Psi \ . \tag{46}$$

Hierin ist $\hat{H}$ der so genannte Hamilton-Operator. Er beschreibt die Observable »Energie« in der Quantentheorie und ist natürlich selbstadjungiert. Die lineare Struktur der Schrödinger-Gleichung ist Ausdruck der dynamischen Version des Superpositionsprinzips: Mit zwei Lösungen dieser Gleichung ist auch deren Summe wieder eine Lösung. Die Gesamtwahrscheinlichkeit (40) bleibt unter der durch die Schrödinger-Gleichung beschriebene Zeitentwicklung erhalten (das ist der Grund für das Auftauchen der imaginären Einheit i auf der linken Seite von (46)).

Spezielle Lösungen der Schrödinger-Gleichung, die von der Form

$$\Psi(x,t) = \psi(x)\,e^{-iEt/\hbar} \tag{47}$$

sind, bezeichnet man als stationäre Zustände. Aus (46) folgt für $\psi(x)$ die zeitunabhängige Schrödinger-Gleichung

$$\hat{H}\psi(x) = E\psi(x) \ . \tag{48}$$

Hierbei ist E die Energie. Die in Kap. 3 diskutierten Atomspektren werden aufgrund dieser Gleichung berechnet. Die Existenz diskreter Energiewerte E_n ist dabei, wie schon erwähnt, eine Konsequenz der Normierbarkeitsforderung (40).

Neben selbstadjungierten Operatoren sind in der Quantentheorie unitäre Operatoren von besonderer Bedeutung, die dadurch definiert sind, dass sie Skalarprodukte, also insbesondere Wahrscheinlichkeiten, invariant lassen. Ihre Wichtigkeit folgt aus der Tatsache, dass sie im Allgemeinen mit Symmetrien des physikalischen Systems (Invarianz unter Drehungen, Verschiebungen etc.) verknüpft sind, vgl. Kap. 3.2. Mathematischer Ausdruck hiervon ist ein Theorem von Wigner, das im Wesentlichen besagt, dass es für eine Abbildung zwischen Zuständen, welche Skalarprodukte invariant lässt, einen unitären (oder anti-unitären) Operator gibt, der diese Abbildung vermittelt. Es gibt einen wichtigen Zusammenhang zwischen selbstadjungierten und unitären Operatoren: Ist $\hat{A}$ selbstadjungiert, so ist *exp(i$\hat{A}$)* unitär. Aus diesem Grund folgt die zeitliche Erhaltung der Wahrscheinlichkeit: Da der Hamilton-Operator $\hat{H}$ selbstadjungiert ist, ist der Zeitentwicklungsoperator *exp(–i$\hat{H}$t/ħ)* für die Zustände unitär.

Wegen der quantenmechanischen Verschränkung haben Subsysteme, die an andere Systeme gekoppelt sind, im allgemeinen keinen eigenen Zustand (keine eigene Wellenfunktion). Man beschreibt deshalb Subsysteme durch sogenannte Dichteoperatoren $\hat{\rho}$ (auch Dichtematrizen oder statistische Operatoren genannt). Diese entstehen aus dem Zustand für das Gesamtsystem durch Ausintegration (»Ausspuren«) aller Freiheitsgrade, die nicht zu dem Subsystem gehören. Sie dienen dazu, Wahrscheinlichkeiten und Erwartungswerte auszurechnen, die sich nur auf das Subsystem beziehen.

Für den Spezialfall, daß das Subsystem eine eigene Wellenfunktion ψ hat (man spricht dann auch von einem reinen Zustand) gilt $\hat{\rho} = |\psi\rangle\langle\psi|$ und $\hat{\rho}^2 = \hat{\rho}$. Ansonsten (man spricht dann auch von einem gemischten Zustand) gilt $\hat{\rho}^2 \neq \hat{\rho}$. Für einen reinen Zustand gehorcht der Dichteoperator einer Gleichung analog zur Schrödinger-Gleichung (46), die man in diesem Zusammenhang als von Neumann-Gleichung bezeichnet. Sie lautet

$$i\hbar \frac{\partial \hat{\rho}}{\partial t} = [\hat{H}, \hat{\rho}].\qquad(49)$$

Sie beschreibt wie die Schrödinger-Gleichung eine unitäre Zeitentwicklung.

Insbesondere spielen Dichteoperatoren eine große Rolle beim Studium der Dekohärenz (Kap.4.3). Wegen der Verschränkung mit anderen Systemen (»Umgebung«) gehorcht $\hat{\rho}$ im allgemeinen, im Unterschied zur von Neumann-Gleichung, keiner unitären Zeitentwicklung mehr. Das liegt daran, dass Information über das Subsystem in Korrelationen mit der Umgebung abwandern oder aus ihr zuwandern kann. Für diese sogenannten offenen Systeme ist also nicht mehr die Schrödinger-Gleichung oder die von Neumann-Gleichung heranzuziehen, sondern eine (im allgemeinen sehr komplizierte) Gleichung für die Zeitentwicklung von ρ (man spricht dann von einer Mastergleichung). Ein relativ einfacher Fall liegt vor, wenn die Umgebung das Subsystem durch seine Wechselwirkung räumlich lokalisieren kann, ohne es direkt zu stören. In diesem Fall wird die von Neumann-Gleichung durch einen weiteren Term ergänzt, was auf die Gleichung

$$i\hbar\,\frac{\partial\hat{\rho}}{\partial t} = [\hat{H},\hat{\rho}] - i\Lambda\hbar\,[\hat{x},[\hat{x},\hat{\rho}]] \qquad (50)$$

führt. Die hier auftauchende Größe Λ ist die in Kap.4.3 diskutierte Lokalisierungsrate. Sie ist beispielsweise dafür verantwortlich, dass die Dispersion des Wellenpaketes, wie sie aufgrund der freien Schrödinger-Gleichung auftreten sollte, durch die Wechselwirkung mit der Umgebung unterdrückt wird.

GLOSSAR

Aharonov-Bohm-Effekt – Einfluss eines Magnetfeldes auf die Wellenfunktion von geladenen Teilchen, wobei die Wellenfunktion in den Raumbereichen verschwindet, in denen das Magnetfeld vorhanden ist. *s. S. 83f.*

Bell'sche Ungleichungen – Allgemeine Ungleichungen, die aus der Annahme einer lokalen Realität folgen und von der Quantentheorie verletzt werden. *s. S. 64ff., 95, 99*

Bohm'sche Interpretation – Interpretation der Quantentheorie, welche zusätzlich zur Schrödinger-Gleichung die Existenz von verborgenen Variablen fordert. *s. S. 78*

Bose-Einstein-Kondensation – Übergang eines Systems von Bosonen in ihren Grundzustand. *s. S. 89, 92*

Boson – Teilchen mit ganzzahligem Spin. *s. S. 29, 44, 88ff.*

Casimir-Effekt – Anziehung zwischen leitenden Platten im Vakuum aufgrund von Nullpunktsschwingungen des elektromagnetischen Felds. *s. S. 101, 104*

Compton-Effekt – Änderung der Wellenlänge einer elektromagnetischen Welle bei der Streuung an freien Elektronen. *s. S. 9*

Cooper-Paar – Gebundener Zustand zweier Elektronen in Supraleitern mit entgegengesetztem Impuls und Spin. *s. S. 37, 84, 93*

De Broglie-Wellenlänge – Jedem Teilchen mit dem Impuls p zuge-
ordnete Wellenlänge der Größe $\lambda = h/p$. *s. S. 24, 33*

Dekohärenz – Irreversible Entstehung klassischer Eigenschaften für
ein Quantensystem durch Wechselwirkung mit den Freiheitsgraden
seiner Umgebung. *s. S. 70f., 79, 93*

Dirac-Gleichung – Relativistische Wellengleichung für massive Teilchen mit Spin ½. *s. S. 101*

Doppelspaltversuch – Grundlegender Versuch der Quantentheorie,
bei dem ein quantenmechanisches Objekt beim Durchgang durch
zwei Spalte mit sich selbst interferiert. *s. S. 14, 16, 89*

Drehimpulsquantenzahl – Mit l bezeichnet. Charakterisiert die möglichen diskreten Werte für den Drehimpuls. *s. S. 48, 54*

Elektron – Elementares Fermion mit negativer Ladung. Neben dem
Kern Bestandteil von Atomen. *s. S. 8ff., 31ff., 52ff.*

EPR-Problem (Einstein-Podolsky-Rosen-Problem) – Grundlegendes
Gedankenexperiment zur Frage der Unvollständigkeit der Quantentheorie. *s. S. 62ff., 95, 98*

Everett-Interpretation – Auch »Vielwelten-Interpretation« oder »Interpretation des relativen Zustandes« genannt. Interpretation der
Quantentheorie, welche die universelle Gültigkeit der Schrödinger-
Gleichung für abgeschlossene Systeme postuliert und ohne Kollaps
auskommt. *s. S. 77, 80*

Feinstruktur – Aufspaltung von Spektrallinien durch die Kopplung
von Spin und Bahndrehimpuls der Elektronen. *s. S. 46, 52, 108*

Fermion – Teilchen mit halbzahligem Spin. *s. S. 29, 42ff., 92f.*

Harmonischer Oszillator – System mit einer rücktreibenden Kraft, deren Größe linear zur Auslenkung ist und die zu Schwingungen führt. *s. S. 104*

Hauptquantenzahl – Mit n bezeichnet. Quantenzahl, welche die Energie eines quantenmechanischen Systems (z. B. des Wasserstoffatoms) beschreibt. *s. S. 48, 53, 82*

Hawking-Effekt – Ausstrahlung von thermischen Teilchen durch ein Schwarzes Loch. *s. S. 110f.*

Hyperfeinstruktur – Aufspaltung von Spektrallinien durch die Wechselwirkung der Elektronen mit dem Atomkern. *s. S. 52*

Konfigurationsraum – Zustandsraum, dessen Dimension durch die Zahl der Freiheitsgrade gegeben ist. Die Wellenfunktion in der Quantentheorie ist eine Funktion auf dem Konfigurationsraum. *s. S. 14, 32, 70*

Kopenhagener Interpretation – Aus Diskussionen von Bohr und Heisenberg in Kopenhagen entstandene Interpretation der Quantentheorie, welche die Wechselwirkung mit klassischen Messapparaten in den Vordergrund stellt. *s. S. 77*

Lamb-Verschiebung – Von der Quantenelektrodynamik beschriebene Verschiebung von Energieniveaus in Atomen. *s. S. 52, 103*

Lichtelektrischer Effekt – Auch photoelektrischer Effekt genannt. Auslösung von Elektronen aus mit Licht bestrahlten Metalloberflächen. *s. S. 8*

Magnetische Quantenzahl – Mit m bezeichnet. Charakterisiert die Komponente des Drehimpulses in Bezug auf eine (z.B. durch ein Magnetfeld) vorgegebene Richtung. *s. S. 41, 48*

Matrizenmechanik – Formalismus der Quantenmechanik, der den Teilchenaspekt in den Vordergrund stellt. *s. S. 77, 115*

Messproblem – Problem, wie aus der von der Quantentheorie vorhergesagten Superposition von makroskopisch verschiedenen Messergebnissen das beobachtete definitive Ergebnis entsteht. Ein berühmtes Gedankenexperiment hierzu ist Schrödingers Katze. *s. S. 60f., 76*

Neutrino – Fermion, das (außer der Gravitation) nur der schwachen Wechselwirkung unterliegt und sehr schwach mit Materie reagiert. *s. S. 19, 29*

Neutron – Elektrisch neutrales Fermion. Bestandteil des Atomkerns. *s. S. 29, 52f., 106*

Offenes System – System, das in Wechselwirkung mit anderen Freiheitsgraden steht. *s. S. 118*

Pauli-Prinzip – Prinzip, wonach sich zwei Fermionen niemals im gleichen Zustand befinden können. *s. S. 30, 53ff, 88*

Photon – Teilchen mit Spin 1, das mit dem elektromagnetischen Feld verknüpft ist. *s. S. 29, 86, 96ff.*

Planck-Spektrum – Energiespektrum eines Schwarzen Körpers. *s. S. 6, 8*

Positron – Positiv geladenes Antiteilchen des Elektrons. *s. S. 101f., 105*

Proton – Positiv geladenes Fermion. Bestandteil des Atomkerns. *s. S. 29, 52f., 108f.*

Quantencomputer – Quantensystem, das man unter Ausnützung des Superpositionsprinzips zur Durchführung von Rechnungen benutzt. *s. S. 95ff.*

Quantenelektrodynamik – Abgekürzt: QED. Relativistische Quantenfeldtheorie zur Beschreibung der Wechselwirkung von Photonen mit geladenen Teilchen. *s. S. 103*

Quantengravitation – Noch ausstehende vereinheitlichte Theorie von Gravitation und Quantentheorie. *s. S. 112f.*

Quanten-Hall-Effekt – Quantisierung der Leitfähigkeit bei tiefen Temperaturen. *s. S. 91f.*

Quantenkryptographie – Methode zur Übertragung geheimer Nachrichten, die auf der Verschränkung von Quantensystemen beruht. *s. S. 99*

Quantenteleportation – Übertragung eines Quantenzustandes von einem Beobachter auf einen anderen unter Ausnutzung von verschränkten Zuständen. *s. S. 95, 97f.*

Quarks – Fermionen, aus denen sich Protonen und Neutronen zusammensetzen. *s. S. 29*

Schrödinger-Gleichung – Grundlegende Gleichung der nichtrelativistischen Quantentheorie, welche die Zeitentwicklung von Wellenfunktionen beschreibt. *s. S. 30ff., 60, 116ff.*

Schrödingers Katze – Von Erwin Schrödinger ersonnenes Gedankenexperiment, das den Widerspruch zwischen makroskopischen Quantensuperpositionen und der Realität demonstrieren soll. *s. S. 18, 59, 61f.*

Spin – Eigendrehimpuls eines Teilchens. Man unterscheidet halbzahligen und ganzzahligen Spin. *s. S. 28ff., 60, 63ff.*

SQUID – »Superconducting quantum interference device« (supraleitendes Quanteninterferometer). Supraleitender Stromkreis mit Josephson-Kontakten, durch die Elektronenpaare widerstandsfrei tunneln können. *s. S. 18ff., 37*

Stern-Gerlach-Versuch – Grundlegendes Experiment zum Nachweis des Elektronenspins. *s. S. 82*

Superpositionsprinzip – Prinzip, nach dem ein quantenmechanisches System, das die Zustände ψ_1 und ψ_2 zulässt, auch jede Linearkombination $c_1\psi_1 + c_2\psi_2$ zulässt. *s. S. 17ff., 60, 116*

Supraflüssigkeit – Reibungsfrei strömende Flüssigkeit bei tiefen Temperaturen, die sich in einem makroskopischen Quantenzustand befindet. Einzig bekannte Beispiele sind Helium-3 und Helium-4. *s. S. 92ff.*

Supraleitung – Sprunghafter Verlust des elektrischen Widerstands bei einigen Metallen unterhalb einer gewissen Temperatur. *s. S. 84, 89, 92*

Tunneleffekt – In der Quantentheorie möglicher Durchgang eines Teilchens durch einen Potentialwall, wenn die kinetische Energie des Teilchens kleiner als die Höhe des Walls ist. *s. S. 37f., 107*

Unbestimmtheitsrelation – Auch Unschärferelation genannt. Prinzipielle Beschränkung an die gleichzeitige Messbarkeit von physikalischen Größen wie Ort und Impuls. *s. S. 22ff., 78, 115*

Unruh-Effekt – Phänomen, wonach ein gleichförmiger Beobachter im Vakuum Teilchen mit einem thermischen Spektrum wahrnimmt. *s. S. 105*

Verschränkung – Liegt vor, wenn sich der Quantenzustand eines zusammengesetzten Systems nicht als Produkt von Quantenzuständen der Teilsysteme ausdrücken lässt. *s. S. 18, 76, 117f.*

Welle-Materie-Dualismus – Tatsache, dass Objekte in der Natur sowohl Wellen- als auch Teilcheneigenschaften aufweisen. *s. S. 8, 13*

Wellenfunktionen – Funktionen, die in der Quantentheorie den Zustand eines Systems beschreiben. Ihre Zeitentwicklung wird von der Schrödinger-Gleichung beschrieben. *s. S. 17f., 32ff., 76ff.*

Wellenmechanik – Formalismus der Quantenmechanik, der den Wellenaspekt in den Vordergrund stellt. *s. S. 19, 77*

Wellenpaket – Eine auf ein Raumgebiet beschränkte Wellengruppe, die man durch Superposition von ausgedehnten Wellen erhält. *s. S. 33f., 49, 78*

Wirkungsquantum – Universelle Naturkonstante, die mit der Quantentheorie verknüpft ist. *s. S. 6, 10, 69*

Zeeman-Effekt – Aufspaltung von Spektrallinien in einem Magnetfeld. *s. S. 82f.*

c **Lichtgeschwindigkeit im Vakuum** $c = 3 \cdot 10^8\, ms^{-1}$

G **Gravitationskonstante** $G = 6{,}67 \cdot 10^{-11}\, Nm^2 kg^{-1}$

h **Planck'sches Wirkungsquantum** $h = 6{,}63 \cdot 10^{-34}\, Js$

$\hbar$ **Planck'sches Wirkungsquantum** $\hbar = \dfrac{h}{2\pi}$

l_P **Planck-Länge** $l_P = \sqrt{\dfrac{\hbar G}{c^3}} \approx 10^{-33}\, cm$

k_B **Boltzmann-Konstante** $k_B = 1{,}38 \cdot 10^{-23}\, JK^{-1}$

e **Elementarladung** $e = 1{,}6 \cdot 10^{-19}\, Coulomb$

α **Feinstrukturkonstante** $\alpha \approx \dfrac{e^2}{\hbar c} \approx \dfrac{1}{137}$

m_e **Elektronenmasse** $m_e = 9{,}11 \cdot 10^{-31}\, kg$

m_p **Protonenmasse** $m_p = 1{,}67 \cdot 10^{-27}\, kg$

a_B **Bohr'scher Radius des Wasserstoffgrundzustands** $a_B = \dfrac{\hbar^2}{m_e e^2} = 5{,}29 \cdot 10^{-11}\, m$

λ_c **Compton-Wellenlänge des Elektrons** $\lambda_c = \dfrac{\hbar}{m_e c} = 3{,}86 \cdot 10^{-13}\, m$

Ry **Rydberg-Konstante (Grundzustandsenergie des Wasserstoffs)** $Ry = 2{,}18 \cdot 10^{-18}\, J = 13{,}61\, eV$

α_G **Feinstrukturkonstante der Gravitation** $\alpha_G = \dfrac{m_p^2}{\hbar G} \approx 6 \cdot 10^{-39}$

ψ **quantenmechanische Wellenfunktion, die den Zustand des Systems beschreibt**

λ **(de Broglie-)Wellenlänge**

ν **Frequenz**

ω **Kreisfrequenz** $\omega = 2\pi\nu$

E **Energie** $E = h\nu = \hbar\omega$

p **Impuls** $p = \dfrac{h}{\lambda}$

eV **Elektronenvolt** $1\, eV = 1{,}6 \cdot 10^{-19}\, J$

$Å$ **Ångstrom (Längeneinheit)** $1\, Å = 10^{-8}\, cm$

ALLGEMEINVERSTÄNDLICHE LITERATUR

Audretsch, J. (Hg.): Verschränkte Welt. Faszination der Quanten. Weinheim 2002.

von Baeyer, H. C.: Das Atom in der Falle. Forscher erschließen die Welt der kleinsten Teilchen. Reinbek 1993.

Baumann, K. und Sexl, R. U.: Die Deutungen der Quantentheorie. Wiesbaden 1984.

Davies, P. C. W. und Brown, J. R. B. (Hg.): Der Geist im Atom. Eine Diskussion der Geheimnisse der Quantenphysik. Basel 1988.

Feynman, R. P.: QED. Die seltsame Theorie des Lichts und der Materie. München 1988.

Gribbin, J.: Auf der Suche nach Schrödingers Katze. Quantenphysik und Wirklichkeit. München 1996.

Gribbin, J.: Schrödingers Kätzchen und die Suche nach der Wirklichkeit. München 1998.

Heisenberg, W.: Der Teil und das Ganze. Gespräche im Umkreis der Atomphysik. München 1979.

Ingold, G.-L.: Quantentheorie. Grundlagen der modernen Physik. München 2002.

Spektrum der Wissenschaft – Digest: Quantenphänomene. Heidelberg 1999.

FACHLITERATUR

Bell, J. S.: Speakable and unspeakable in quantum mechanics. Cambridge 1987.

Beller, M.: Quantum Dialogue. The Making of a Revolution. Chicago 1999.

Bouwmeester, D., Ekert, A. und Zeilinger, A.: The physics of quantum information. Berlin 2001.

Brandt, S. und Dahmen, H. D.: The picture book of quantum mechanics. New York 2001.

d'Espagnat, B.: Veiled Reality. Reading 1995.

Feynman, R. P., Leighton, R. S. und Sands, M.: Feynman-Vorlesungen über Physik, Band 3. München 1987.

Flügge, S.: Rechenmethoden der Quantentheorie. Elementare Quantenmechanik dargestellt in Aufgaben und Lösungen. 6. Auflage. Berlin 1999.

Giulini, D., Joos, E., Kiefer, C., Kupsch, J., Stamatescu, I.-O. und Zeh, H. D.: Decoherence and the appearance of a classical world in quantum theory. Berlin 1996.

Jammer, M.: The philosophy of quantum mechanics. New York 1974.

Pauli, W.: Die allgemeinen Prinzipien der Wellenmechanik. Berlin 1990.

Peres, A.: Quantum Theory. Concepts and Methods. Dordrecht 1995.

Schwabl, F.: Quantenmechanik. 6. Auflage. Berlin 2002.

Wheeler, J. A. und Zurek, W. H. (Hg.): Quantum Theory and Measurement. Princeton 1983.

Zeh, H. D.: The physical basis of the direction of time. 4. Auflage. Berlin 2001.

INTERNETADRESSEN

Die meisten der folgenden Adressen enthalten eine Fülle von weiteren nützlichen Links.

http://web.mit.edu/vedingtn/www/netodv/welcome.html

Physik-Enzyklopädie des Massachusetts Institute of Technology

http://th-physik.uibk.ac.at/qo/

Zentrum für Quantenoptik und Quanteninformation der Universität Innsbruck

www.quantum.univie.ac.at/research/

Arbeitsgruppe von Anton Zeilinger (Universität Wien) zu den Grundlagen der Quantentheorie

www.qubit.org/

Zentrum für Quanteninformation an der Universität Oxford

Literaturhinweise

www.mpq.mpg.de/mpq/mpq.html
  Institut für Quantenoptik in Garching bei
  . München
www.lkb.ens.fr/recherche/qedcav/english/welco-
  me.html
  Arbeitsgruppe von Serge Haroche (Paris) zu
  den Grundlagen der Quantentheorie

www.decoherence.de
  Viele Informationen zu den Grundlagen der
  Quantentheorie, insbesondere zur Dekohärenz.
www.thp.uni-koeln.de/gravitation
  Informationen über die Forschung des Autors.

Abbildungsnachweise: Grafiken: von Solodkoff, Neckargemünd; S. 7: © dpa; S. 30 u. 80: © AKG, Berlin; S. 16 nach: Haken, H. u. Wolf, H. C.: Atom- und Quantenphysik. Berlin 2000; S. 51 nach: Brandt, S. u. Dahmen, H. D.: The picture book of quantum mechanics. Berlin 2001; S. 66 nach: Baumann, K. und Sexl, R. U.: Die Deutungen der Quantentheorie. Wiesbaden 1984; S. 72, 73, 83 nach: Giulini, D. et al.: Decoherence and the appearance of a classical world in quantum theory. Berlin 1996; S. 101 nach: Physics Today, März 2002, S. 19. Da mehrere Rechteinhaber trotz aller Bemühungen nicht feststellbar oder erreichbar waren, verpflichtet sich der Verlag, nachträglich geltend gemachte rechtmäßige Ansprüche nach den üblichen Honorarsätzen zu vergüten.